# 网页视觉设计创意拓展与快速表现

CREATIVITY EXPANDING AND FAST PERFORMANCE OF WEBPAGE'S VISUAL DESIGN

晋小彦 编著

清華大学出版社
北京

## 内 容 简 介

网页设计师从早年的综合性工作中分化出来，形成了相对独立的专业岗位，网页设计也不再是单纯软件应用，它衍生出了许多独立的研究方向，当网站策划、交互体验都逐渐独立之后，形式感的突破和现成为网页视觉设计的一项重要工作。随着时代的发展，网页设计更接近于一门艺术。网络带宽和硬件发展为网页提供了使用更大图片、动画甚至视频的权利，而这些也为视觉设计师提供了更多表现的空间另外多终端用户屏幕（主要是各种移动设备，手机、平板等）的出现，它让网页视觉设计师不得不重新义原有的视觉规范。这些变化都趋使着设计师对新形式的渴望与进一步的探索。

本书就是这样一本速食的设计创意与技巧手册。本书可以帮助有一定基础的网页设计初学者或在职者，在遇到设计创意瓶颈时，能够在较短的时间内解决设计上的创意和视觉形式感的问题。不论是应对急的工作需求或是求职面试都能够给观者一个新颖的视觉表现。

本书读者是网页设计师，包含狭义的、广义的、“圈养”的、“野生”的，以及网站开发其他环节需了解网页视觉设计或与之协作的人员（如用户体验设计师、前端页面开发人员等）。



图书在版编目(CIP)数据

形式感+ —— 网页视觉设计创意拓展与快速表现 / 晋小彦编著. —北京：清华大学出版社，2014
（2022.1 重印）
ISBN 978-7-302-34639-5

Ⅰ ①形… Ⅱ. ①晋… Ⅲ. ①网页制作工具 Ⅳ. ① TP393.092
中国版本图书馆 CIP 数据核字（2013）第 290859 号

责任编辑：栾大成
封面设计：杨玉芳
责任校对：徐俊伟
责任印制：从怀宇

出版发行：清华大学出版社
网 址：http://www.tup.com.cn， http://www.wqbook.com
地 址：北京清华大学学研大厦 A 座 邮 编：100084
社 总 机：010-62770175 邮 购：010-83470235
投稿与读者服务：010-62776969, c-service@tup.tsinghua.edu.cn
质 量 反 馈：010-62772015, zhiliang@tup.tsinghua.edu.cn
印 装 者：涿州汇美亿浓印刷有限公司
经 销：全国新华书店
开 本：170mm×230mm 印 张：16.5 插 页：1 字 数：609 千字
版 次：2014 年 2 月第 1 版 印 次：2022 年 1 月第 14 次印刷
定 价：59.00 元

产品编号：044259-01

媒体联合推荐

团队联合推荐

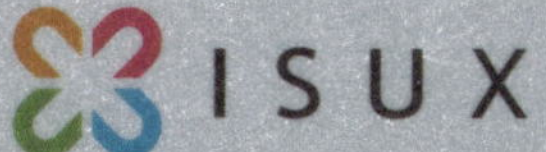

媒体联合推荐

团队联合推荐

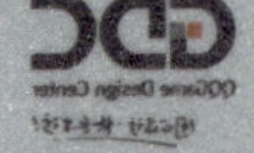

# 前言

写这份前言的时候，我并不太确定这本书是否能够出版。不论结果如何，都十分感谢策划大成的鼓励，让我一直坚持整理完成。

2011 年 6 月因为几篇关于“快速打造网页形式感”的系列文章得到了许多同行的关注，大成在站酷上找到了我，并无写书经验的我，设想着只需简单地将几篇现有文章集合成册就可以交差，于是便欣然答应了，但后来发现，完善工作并不比最初的起稿来得容易……

首先，对于网页设计来说，不论是技术还是审美都是一个不断更新迭代的过程，当时认为不错的作品现在看起来并不十分有特色。特别是对专题的形式感来说，布局的形式感在于它的出其不意，如果使用过于频繁也便失去了它的效果。

其次，由于个人作品的限制，许多案例的方法上值得举证，但综合评定上来说，它不算是一个完美的作品。

第三，话语空间，网络上的文章如果发现问题，发布后也能及时更正，而纸质出版是一次性的成稿，出版后的修正难度就很大。

还有，在整理过程中，不断出现新的想法，所以不断添加新的内容，逐渐发现，原来在网络上与大家分享的文章在本书中所占的比例，几乎可以忽略不计了……

最重要的一点，纸质出版物的图片版权比网络文章限定更多，在案例的选择上也谨小慎微、加上日常工作的压力，这一系列问题也让我在写作过程中多次打了退堂鼓。到这里，还是想再次感谢大成一直的鼓励。

老编大成的插队回复：感谢小彦的信任，不过不认同“没编辑就没这本书”的说法，只不过大家都觉得出版这本书是件有意义的事情，并肩作战到底罢了。从编辑这个门外人来看，国内网页视觉设计与 10 年前相比，已经有了翻天覆地的变化，很多网页作品的视觉设计、体验设计已经是国际一流水准，但是目前国内原创网页设计图书还大都停留在 10 年前的水平上，远远落后于我们的当前设计真实水准，个中缘由这里不深究。老编认为，这本书是 13 年策划生涯中遇到的最好的一本网页视觉设计书，设计是前沿的设计，文笔是通透的文笔，作者小彦文武双全，德才兼备，这本书，错不了。

# 前言

## 一定要先看看这里

为了能够更好地定位和阅读本书，在大家阅读正文之前，先啰嗦两句。网页设计包含着很多方面的内容：网页前端开发、网页平面设计、界面 UI 设计、软件使用、用户体验……本书作为一本速食的网页设计技法手册，它很难覆盖所有的网页设计领域。单从视觉设计来分，就包含了：UI 设计、网页图标设计、平面设计、色彩搭配、PS 技能表现等等。而这本书主要对哪些内容进行了介绍、它又适合怎样的人群呢？

## 为什么就谈形式

一是行业分工的细化。网页设计师从早年的综合性工作中分化出来，形成了相对独立的专业岗位，网页设计也不再是单纯的软件应用，它衍生出了许多独立的研究方向，而形式感的表现则成为视觉设计师的主要日常工作之一。这也预示着网页设计行业的“改版”。只有在专业领域上更强，才能强强合作从而帮助其他具体产品的展示、营销、盈利等。

其次随着时代的发展，网页设计更接近于一门艺术。网页技术的发展为网页视觉艺术提供了更灵活和宽阔的表现空间，而视觉表现上的需求也推动着网页技术进一步发展。

网络带宽和硬件的发展为网页提供了使用更大图片、动画甚至视频的权利，而这些也为视觉设计师提供了更多表现的空间，并以此来帮助网页信息在快速阅读的今天占有一席之地。与此同时，用户对网页使用的经验沉淀，让视觉无需更多的表现方式向用户告知基础交互行为，因此也可以余下更多的精力回到视觉形式上来，运用色彩和结构来更好地为网页信息服务。

当然矛盾是持续存在的，旧规矩的打破也预示着新规矩的开始。面对信息的泛滥，如何引起用户对当前信息的关注，网页的第一视觉在其中显得尤为重要，它同样需要形式表现的疏导和刺激。

另外多终端用户屏幕（主要是各种移动设备，手机、平板等）的出现，它让网页视觉设计师不得不重新定义原有的视觉规范。这些变化都趋使着设计师对新形式的渴望与进一步的探索，让我们一起来迎接吧。

# 我是一个被圈养的网页设计师

圈养当然不是什么光荣的称号，但它标志着一个设计师的独立开发和制作能力。

圈养的设计师，大多处于分工细致的制作环境，我们首先抛开后台和前端的程序开发（因为设计和程序的分工是大部分网页设计团队的基础架构）。除此之外，一个圈养型的设计师团队，它拥有一个需求交互策划，将抽象的产品目标转化成具体活动内容，并绘制成简易的网页交互稿，网页设计通过交互稿进行页面设计。

其次在圈养的团队中，产品一般有一个原画团队，虽然这些原画并不直接服务于网页设计（它们可能是产品开发过程中的草稿原画文件），但还是给网页视觉表现带来很大的帮助。

第三，还可能有一个动画制作团队，帮助实现网页设计上的动画需求。在一些设计团队，Flash 动画设计和页面设计是由同一个设计师完成的。另外，对于一些大型的门户平台类网站可能还会配有专业的用户体验和调研专员或小组等等。

除了以上几个大的分工之外，一些网页设计团队还会有编辑，在网页设计和程序开发完成后负责上传具体的资料内容。

在最初工作的几年，我也经历过设计、动画、切片三位一体的人生。在一些团队里，新来的毕业生或实习的同学会专门负责抠图、改尺寸等工作，为主设计师节省了大量的时间，当然我也同样经历过那个每日只改尺寸的设计生活。就像每个发型师都得从洗头小弟干起……好啦，我们是设计师不是洗剪吹啦，不过话说回来，现在光剪个脑袋要你个 590 的也不是没有，就看我们是如何定位和看待自己的手艺啦，扯远了，回来回来。

# 前言

话说这些受得住大团队圈养的主儿，一般有一定的实力，因为大团队提供着丰厚的资源，也给出了许多标准化的限定，所以有人说圈养的设计师在一些制作的独立性和创意的狼性上不如一些野生派的优秀设计师。这点我们并不否认，但圈养的方式还是成为了大部分企业的常态架构，因为它为产品的网页设计带来了可控的便捷。而大部分的设计就业者也处于这样一个有一定基础分工的设计团队中。而如何在圈养的团队中生存得更好，让我们的设计在众多的标准中脱颖而出，或许本书的一些小小方法能够对同样属于圈养的同胞有所帮助。当然，本书的读者不仅限于"圈养"设计师，"野生动物"同样适用！

## 这不是一本高大全的教科书

# 前言

本书内容不涉及任何网页前端程序开发或 PS 操作步骤，也没有精深复杂的平面构成和色彩搭配理论，这是一本速食的设计创意与技巧手册。当然我们很难承诺仅通过本书便马上能从菜鸟转身成网页设计大师。我们应当尊重高大全的理论基础，也相信所有的成功都不是一蹴而就的。本书可以帮助有一定基础的网页设计初学者或在职者，在遇到设计创意瓶颈时，能够在较短的时间内解决设计上的创意和视觉形式感的问题。不论是应对紧急的工作需求或是求职面试都能够给观者一个新颖的视觉表现。

这是一剂速效救心丸，行气活血、祛瘀止痛。你在为网页视觉的平淡无奇感到困扰嘛？你在为大量的专题需求感到疲惫嘛？你正处于每个月那几天的创意瓶颈期嘛？圈圈叉医院佟主任，专注治创二十载，为您推荐！本书将我们日常设计思路与网页技术和审美发展相结合，并将方法形象地归纳，入口易、剂量小、起效快，谁用谁知道……好了好了，再开玩笑就要被开除了，我发誓要好好写书认真做人的。

如果一定要为本书做个比喻的话，“速效救心丸”这个称号应该合适。它并非复杂而长期的理论慢性治疗，它是实际工作实践的经验总结，它针对我们日常遇到的现实问题并提出解决方案。

由于个人的工作类型和经验的限制，书中还是有许多不完善的地方，欢迎各路同仁指正拍砖，当然，为了不被乱砖拍死，我先为自己竖几道结界防身，以备不时耍赖之需。

## 日常的活动专题更需要形式感

在解释专题页面这个概念之前，我们先来了解一下网站的分类，因为一个网站到底是重信息索引、重交互体验还是重视觉表现必须依网站的类型而定，不同网站类型的侧重点是有区别的。从网站功能上，它分为门户站、平台站、品牌站、专题站等。

- 门户站负责产品资讯建设，它拥有对搜索引擎的友好表现和完好的内容支持，它相对更注重资料的索引。
- 平台站就像一个网络市集，不论是用户端还是产品端都可以在这里传播资讯，并进行频繁的互动，它相对更注重用户的交互体验。
- 品牌站则像外交官，它主要通过视觉包装传达产品概念，随着技术的发展，Flash、HTML5、视频、多媒体因其生动的展示形式成为了品牌站的主要表现手段，对于品牌站的建设来说，设计师在创意和视觉表现上都有极大的空间。
- 专题活动站作为精准营销的重要形式，为产品的针对性推广做出了巨大贡献，早年受到带宽的影响表现形式较为单一，现在真正揭开了广告的本来面目，强烈的视觉表现成为了它最重要的特征。它就像战争中的突击队，精准、迅猛、有力！

# 前言

门户站、平台站、品牌站根据产品的结点更换频繁，多为半年、一年甚至两三年更换一次。而活动专题因为服务于产品活动，所以上站时间都相对较短，多为一个星期到一个月左右，但在数量上较其他类型的网站相对更多。如一款进入稳定期的游戏产品，它的专题页面一个月的数量通常在 4 ~ 8 个左右，公测的攻坚期则更甚，通常每天同时在线的活动在五到十个左右。所以专题页面的设计是在职设计师最常遇到的网页设计类型。

我们知道专题的设计是通过它的精准、迅猛、有力来服务于营销活动并最终服务于产品的，所以这就需要设计师在处理这些日常专题时主题要突出、设计速度要快、视觉要惊艳。这也便是本书这十个方法所要解决的问题。本书以视觉设计中的形式感为主线，不以网站的索引设计或用户的交互体验设计为主线，是因为每个类型的网站设计的侧重点不同。关于网页的索引设计或是交互体验设计，不是本书的讲述重点，好好把视觉形式表现技巧说清晰也算是笔者有限能力下的小小愿望。

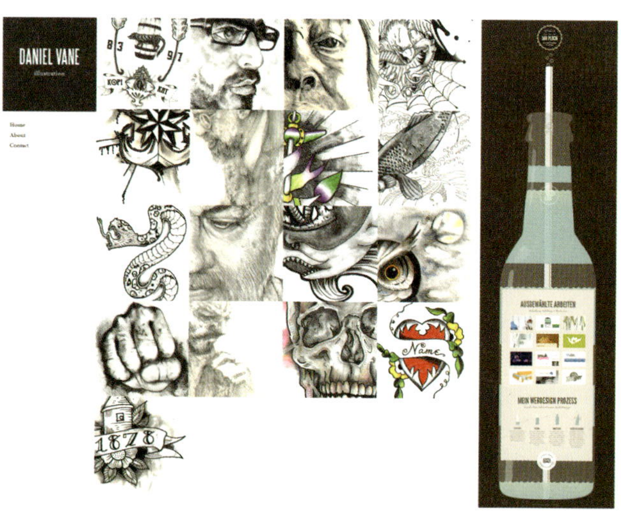


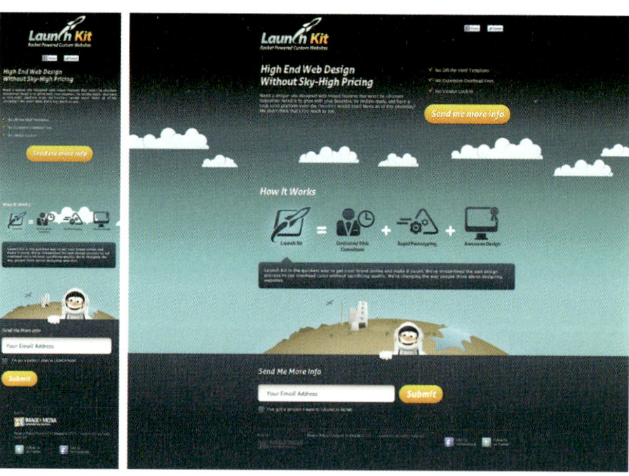

## 这本书适合我吗？

因为工作和资源的关系，书中动手制作的案例多是游戏网页，但赏析部分的案例类型较多元化。思路与方法可以举一反三、灵活运用，所以它们同样适用于其他产品的专题网页设计，一些思路和方法甚至适用于广告和海报等视觉设计。

所以本书的读者是网页设计师，包含狭义的、广义的、“圈养”的、“野生”的，以及网站开发其他环节需要了解网页视觉设计的人员（如用户体验设计师、前端页面开发人员等）。

作品不甚完美，权当抛砖引玉。网页设计随着带宽的提高以及技术的革新，表现形式也在不断变化，加以每个人对美丑评定不一，如果从多维度来评定书中的案例，它们可能不能算是完美作品，这里就当是为了说明技巧和方法进行的尝试“抛砖”。由于时间的关系，一些较早期的作品也多少有些不够成熟或不符合当前流行趋势的地方也请大家多体谅，如果这些方法能够为大家拓展思路并借此“引玉”也便是我莫大的荣幸了。

终于唠叨完了，算是能够比较安心地和您一同翻书打开话茬了。

## 版权声明

为了顺利展开主题，本书在编写过程中参考了并截取了部分国内外著名网站的功能和效果，在此感谢原作者的创意和设计为本书提供了参考。由于部分内容来源于互联网，因此无法一一查明原创作者，无法一一准确列出出处，敬请谅解。如有内容引用了贵机构、贵公司或您个人的作品或技术资料却没有注明出处，欢迎及时与出版社或作者本人联系，我们将会在博客或相关媒体中予以说明、澄清或致歉，并会在下一版中予以更正及补充。

## 特别鸣谢

感谢所在团队腾讯 TGideas 一直以来的培养和帮助，书中有许多经验分享也来源于集体的智慧和团队成员间相互的灵感激发。此外十分感谢我们的 Leader 李若凡为团队成员争取了更多的话语权和设计空间，才使我们有机会不断突破设计的局限，让网站设计表现更加生动，并让设计有效地辅助产品的发展。也感谢每一位 TGideas 的成员，努力工作拼命玩，是大家的工作态度，也是团队给设计师和设计作品最好的礼物。

## 导读

你可能已经注意到本书大体的结构，每个方法的架构基本一致，它分为“说说、想想、看看、做做”四个部分对方法进行诠释、解构、分析、尝试，在阅读过程中大家可以留心，或根据自己的需要进行针对性的翻阅。

四个结构的样式如下。

### 它是什么

通过日常的事件或生活感受来聊一聊当前话题，简单地介绍该方法的起因、用途和好处。

想想

### 怎么做

主要针对该方法进行可执行化的理论思考，并得出具体的方法论。

看看

### 优秀作品

从优秀案例中寻找灵感，然后验证并深化对方法的理解。

做做

### 动手试试

根据以上的经验和案例，结合工作中的网页需求进行尝试。

# 网页形式感与专业主义　序

“形式感”在近两年的网页视觉设计圈子中大概是最常出现的词汇之一。

关于小彦的这本书的书名，许多朋友谈起时会说，是否带有一些类似“形式主义、形式化”的贬意色彩，在感受上相对偏主观？其实就“形式感”这个词的本意来说，它的确是由主观意识出发的设计表现，然而任何一种输出和表达都是经过个人的意识和知识梳理形成的，从一定意义上讲，不论是谈形式设计还是谈体验设计，其实都是根据主观认识而最终输出的形式表现，不同的只是正确的形式和不够正确的形式。

何谓正确的形式？如何能更接近正确的形式？专业的网页视觉形式关联了整体营销的需要、信息内容的传达和网页技术的更新以及审美标准的变化。书中的几个方法论综合了这些基础要素，并将其通过易理解、可操作的表达方式进行整理输出。因此，“形式感”作为视觉评定的第一感受，逐渐成为了设计师们在日常工作交流中的常用词汇。

“形式感”一词的广泛使用，在另一方面是基于网页设计专业化分工的，网页设计在最初的类计算机学科的基础上延伸出了它独有的艺术性、体验性、互动性等专业体系。它伴随着“网页视觉设计师”这一职业称谓成为了艺术类分支中最常用到的沟通词汇。从一定意义上讲，网页视觉“形式感”的出现也标志着网页视觉设计的进一步专业化。与此同时，我们也期待着网页视觉设计在整个网络化浪潮中有更多优秀的、惊艳的形式表现。

记得在两年前，我们的设计作品在行业内具备了一定的影响力，因为行业属性的缘故，关注用户体验的同时，团队在形式感打造方面经常有出色的内容产出，欣喜之余，也开始考虑如何能把这些出色的设计经验沉淀下来，形成方法论，长久、良性的支持团队工作，同时进一步提升团队效率。

带着这个目的，便拉上团队骨干小彦一起探讨这个问题，让人惊讶的是，小彦针对形式感打造方法的计划早已启动，并已经归纳了一些可行的设计方法，于是我们利用两个月的时间，进行反复的碰撞，收集了大量行业资料，并结合实战项目，完成了打造形式感课程的内部开发，后来成为了团队的招牌课程，获得了腾讯学院、互动娱乐事业群学习组织、腾讯设计通道等组织颁发的优秀课程奖。这些方法吸收并结合了摄影、建筑、绘画等知识，将常见的形式感打造方法用深入浅出的方式进行了说明，使得运营、策划、美术相关工作人员都能够简单有效地理解设计方法。部分技巧发布在互联网后，也受到很多相关从业人员的学习和认可。

得知这些方法会成为纸质书出版后，首先很感激出版社对于我们专业能力的认可，更感谢这其中的关键角色小彦，她能够在方法沉淀的过程中，针对其内容进行反复迭代与优化，并追求尽善尽美的专业态度。

设计是一门需要手脑并用的学科，没有深刻的洞察和理论支撑而单纯追求形式感会显得如此浅薄，其奥义在于真正投入思考与执行，这是大前研一所强调的“不断学习，不断思考，不断总结”的专业主义精神，也是设计工作独特的魅力所在。

—— 腾讯游戏官方设计团队 TGideas 设计总监 李若凡

# 序

## 网页设计“速效救心丸”

这几天花了点时间看完了《形式感 +》这本书 ，这是一本关于网页设计的教程，一本别具一格风格的书。抛弃死板的教材模式，以一种轻松愉快的方式讲解网页设计理论、方法与案例，有一种吸引力使我看下去。更能贴近读者想要获取的方法、知识点，而不是阐述某种理论，此书值得一看。这剂网页设计的“速效救心丸”确实能在你创意枯竭、审美疲劳、设计瓶颈的时候好好补上一口回神气。像雾霾天出现的一股清风，身处沙漠时手握的一支纯净水，当身为网页设计师的你身陷无的放矢的苦恼中时，请翻翻这本书，也许会产生头脑风暴，也许就能把杂乱的思绪理顺，总之相信你确实会收获不小。

当前的网页设计水准较 10 年前已经是翻天覆地的变化，相比现在的网页设计水准，针对网页设计的教科书远远跟不上脚步，正是因为缺少像作者这样，用平实的言语、条理得当的顺序、贴近时代的案例，生动演绎了一场网页设计的艺术制造历程。《形式感 +》是本速食书，这本书把设计理论和网站视觉设计的各种细节一一对应，具有很强的可操作性。它也许不会让你阅读完立刻成为网页设计的大师，但通过“说、想、看、做”这几点出发，通过生动地举例比拟，绘制了一张通向成功网页设计的地图，让读者在这条道路上走得踏实，眼前尽是明媚光景，既有“柳暗花明又一村”的惊喜，更有“停车坐爱枫林晚”的惬意。

设计服务于用户，用户体验是关键，如果一个网站设计不能让用户通过轻松愉快地点击获取信息，那么，这个网站便不够完美，看完这本工具书，你会从视觉角度了解个中缘由，这本书，值得细细品味。

——Idsea Brand 上海洋滔品牌设计公司创意总监、总经理

弄号家居品牌创始人

李海滔

## 网页设计是艺术亦是科学

優れたデザインとは、多くの要素を整理しシンプルにまとめあげること。

ウェブデザインはアートであるとともに科学でもある。柔軟なビジュアル表現とともに、実践用のノーハウがある。

この本に、シャオイエンさんは気前よく長年のウェブデザイン経験から得た思考と心得をシェアした。

若いデザイナーとして、彼女が芸術家の柔軟さと科学家の整理力を同時に持っていると感じた。デザインを志す人はこの元気満々な書によって、中国最新のウェブデザインの発想法にも接触できると思う。

中文翻译：

我一向认为，优秀设计乃是将众多要素整合归纳成要点的产物。

网页设计既是一门艺术亦是一门科学，它有其灵活的视觉表现形式，同时可以有一套应用于实战的方法论。

在这里，小彦慷慨地和大家分享了她从多年网页设计经验中所收获的思考与心得。

作为一个年轻设计师，我认为艺术家的百变灵动和科学家的善于归纳都在她身上得以体现，相信有志于设计的人通过这本充满朝气的书，也能接触到国内最新的网页设计思维。

——广东省广博报堂广告有限公司 总经理

近藤充佳（MITSUYOSHI KONDO）

# 团队联合推荐

腾讯游戏从 10 年前的默默无闻到目前占据整个中国游戏市场半壁江山，这来自于整个研发团队和发行团队对产品各个细节层面的追求及坚持，而支撑我们一直以饱满的热情继续下去的，往往正是最初时单纯的对游戏行业或专业的执着和热爱。很高兴今天看到小彦作为我们众多设计师中的典型代表，在自身的学习摸索过程中而总结的这样一本书，它从设计创意技巧、理论、案例乃至设计师的自身价值定位等层面层层解析，汇聚了小彦从业以来在游戏页面视觉设计方面的个人经验所在及设计师的价值感悟，定能给予期望踏入网页设计领域的新人或者是其他设计领域的资深从业者非常多的帮助和共鸣（从我本人来说，我所从事的游戏类界面设计工作，在阅读该书以及和小彦的交流过程中获取到非常多共通的设计法则和创意启发），相信能成为设计师桌边的常用必备书籍之一！同时期望能带动国内设计领域的经验分享氛围，共同创建更加良性、自由、诚恳的设计交流环境，将腾讯游戏的影响力扩展至整个行业领域！

——腾讯互动娱乐业务系统 QQ 游戏产品部（GDC）设计总监

刘刚（manrana）

推荐奋斗在设计第一线的小伙伴们工作之余仔细研读，书里都是笔者的亲身经验和心血，很有诚意。

——腾讯用户研究与体验设计部（CDC）总经理 陈妍（Enya）

作者新锐的想法非常及时，在国内网页设计环境大同的情况下，需要更多不同的声音，更多新锐的创意！

——腾讯电商用户体验设计部（ECD）总经理 刘轶（raylu）

小彦透过自己的细微观察和个人经验分析，整理成独特的方法论与众同乐，令人鼓舞。国内需要更多像她那样主动推动设计的传道人！

——腾讯社交用户体验设计（ISUX）总经理 Jonathan Wong

# 推荐

## 媒体联合推荐

小彦之前在站酷发表的系列设计文章受到了设计师的热情追读，这次成书后，更是进一步系统化地规整了内容。没有枯燥的理论知识，只有好学好用的私家绝招。虽然名为形式感，但其中包含了从思考方式到实现手段的全流程引导。读者完全可以举一反三，掌握到流行的设计手法，并把它们立刻应用到日常工作中。代表小彦在站酷的百万人气和粉丝们，向奋战在网页设计一线的设计师们推荐。

——站酷网 主编 纪晓亮

书中的几篇干货文章优设网曾推荐过，吸引了很多网页设计师的追捧学习。作者对网页形式分析独到，语言深入浅出，是一本有趣而实用的设计书。

——优设网 优设哥

《形式感》一书由浅入深地向大家讲述了一些网页设计的方法和理念，并且例举了作者自己积累的优秀案例。以设计师的亲身经历向大家言传身教，这是一件很了不起的事情，因为这同时证明了作者在网页设计这行久经沙场却仍然屹立不倒，并依然具备大步流星的正能量。如果我还是当年那个为设计稿而苦恼的设计师，那么，我一定不会错过这本书。

——优艺客 创始人 韩雪冬

相比较，这是一本我更建议广大准网页设计师看一看的书，书中很多精彩的表现手法和实例，对于当前技术和想法的提高有很大帮助， 对于那些正处在瓶颈期，却苦于无法突破的设计师也非常适用。网页设计发展瞬息万变，也包罗万象，设计师不应刻意追求某种固定或流行的形式，适合的、感觉对了才最重要，《形式感+》一书贴切、生动地阐述了这一理念。

——网页设计师联盟 主编 江六八

# 友情推荐

这本书是对网页设计日常工作经验的提炼和点化，语言形式轻松，入口易消化，功效快速直接，对于网页视觉设计的从业者来说相当合适阅读。

——巨人网络副总裁 彭楞

书中许多网页版式方法结合了现代网络技术的发展，越过传统的边界，走过固化的禁区，是一本有前瞻性的设计书，强烈推荐！

——漫画家 郭斯特

虽然我不是做网页的，但是好的思路往往放之各类设计领域皆可用。里面的许多视觉表现创意和形式对于设计来说都是互通互用的，值得一读。

——青年导演 蒙青

简单实用的工具书，朴实的语言让我很容易就可以看懂......

——知名职业画师 张佳

我很喜欢作者以简单、幽默的语言来表达对于设计的理解，让我对网页设计有了更深层次的领悟，无论是内行还是外行都能在这本书中汲取到自己想要学习的内容而得到提高。

——知名职业画师 周觉先

本书的网页设计方法充分将内容和视觉融会贯通，对于品牌视觉表现和网站策划来说也有很不错的启发性。

——Google 品牌经理 李大鹏

设计是一件需要包容的事，心灵的空间有限，物质的欲望太满就容不下更多美感。三年前第一次见到小彦的时候，我就因为她干净的内心和五彩斑斓的思想力而震惊。作为本书的第一个读者，我相信你将会有和我一样的阅读体会：因为纯净的世界观，你的心会装下整个世界的设计感。

——腾讯游戏产品经理 陈静

打造视觉形式感是每个游戏推广视觉包装设计师必由之路，也是能否第一时间吸引玩家眼球的必要手段，每个人都有自己的方法。而书中介绍的几大方法论，通过实战案例详尽介绍了作者对各种形式感的理解以及如何实践，效果立竿见影。

——腾讯高级视觉设计师 蔡望东

这书是在高强度工作环境下提取出来的，是有效提高页面设计效果的经验精华。

——腾讯高级视觉设计师 高立

十个提升网页设计形式感问题的有趣方法。每一个都通过"说、想、看、做"四部分配合详尽案例，以轻松的行文风格为我们娓娓道出。作者将其丰富的实战经验分享给广大设计师，以解决实际工作中遇到创意思维枯竭、作品表现力平淡的问题，是一本能让设计师释放无尽灵感的好书。

——空中网艺术总监 吴黄溪

# 目录



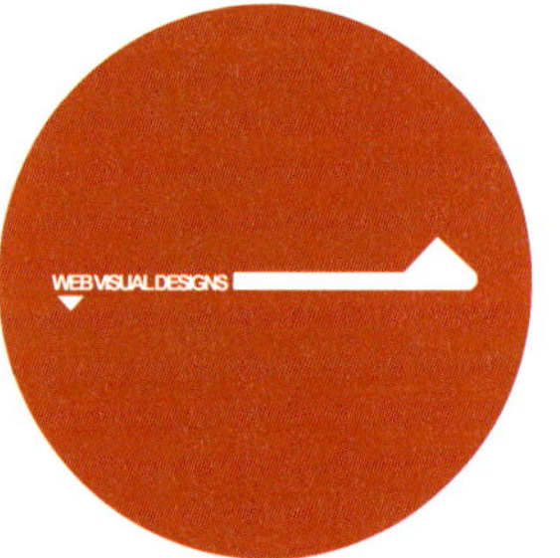

# 01 抄现实

抄现实是我们在设计中最直接也是常用的一种方法，它顾名思义就是抄袭现实中存在的事物。因为其结果直接与主题相关联，所以抄现实的方法可以让视觉显得更整体，主题更突出。它将抽像的主题通过实体表达出来，并以之做为内容信息的载体，从而在第一视觉上直观地体现了核心内容并突出主题。

## 就是抄袭现实中的物体

简单意义上说就是眼前所能见到的一切事物，正如你现在手中的书本、手指、桌上的台灯、水杯。这些生活中的事物通常具有丰富的形态和其延展的情感意义，我们可以利用它们来表达一些特定的主题，所以当我们接到一个要表现的主题时可以通过它的生活原貌来激发灵感。

棒球　安全套　笔

现实　大腿

便便　插座

垃圾袋　书

跑道

**这里所指的现实是任何可以被我们认知的可视的物体**

棒球

门

桌子

箱子

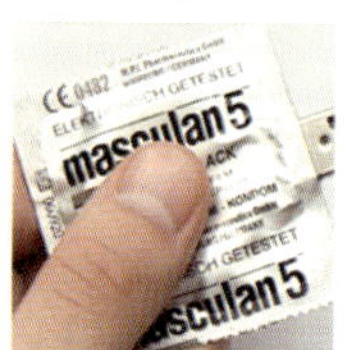

安全套

垃圾袋

手表

钻石

跑道

**一粒棒球的网页变形记**

## 抄现实的三步骤：减法、分块、加法

让我们暂且抛开主题，就一个物体可以如何变成网页而言，它有两个关键点：第一是现实事物转换成网页载体过程中的形态取舍，如何让观者既能辨识出抄袭的物体，又能够给未来信息留下足够的自由排版空间；第二是信息内容与形态载体的结合和排版，如何让信息内容完整的、有条理的排布到形态载体中。

选择物，是对主题视觉表现的选择。主题有抽像和具像之分。具像的主题一般比较好把握，如棒球比赛，我们很自然地选择棒球或球场做为主视觉。如果一些间接或者抽像的主题（比如安全选择盾牌、压力测试选择压力表等），则需要我们发挥一定的想象。

下面我们来一起看看这一颗棒球的网页变形记。

在还未翻到下一页前，你可以想像一下，假如这个棒球是一个网页，它会是什么样的？你会保留它的哪些特征让它看起来依然是一个棒球而非篮球？你会如何让它的形态和内容结合？你会如何利用它的形态关系使你的内容更有层次？

给自己一分钟时间，不许翻页剧透。

# 减法 STEP 1

为了不使形态干扰到网页内容的表现，通常情况下，我们会先对物的形态进行简化，使其在保留特征的同时更适合之后的内容安置。简化步骤有两个：

- 特征的提炼。如案例中的棒球，它的特征有两个：一个是圆形的轮廓，代表是一个球体；另一个是红色的缝线，代表它是一个棒球而非足球或篮球。
- 审查删除重复的描述。特征提炼后，在保留棒球特征的情况下，我们选择去掉其中一根缝线，为信息腾出更多可操作的空间。

# 分块 STEP 2

分块便于根据物的形态对网页的信息内容进行规划。主要有三个关键点：

- 对信息进行消化；充分理解信息对之后的排版和信息调整有很大的帮助。也可以和需求方进行沟通，对信息进行微调或收纳。
- 在吃透信息后，我们就可以开始正式的分块，分块是一个逐层深入、由粗到细的过程。
- 分块完成后，我们结合造型进行一定的信息和造型微调。

# 加法 STEP 3

进行加法前，网页的大致雏形已经出来了，之后加法的工作主要有 3 个。

- 具体内容的填充。
- 气氛和视觉的补充。可以让整体效果更真实，如前景的人物添加使棒球的主题更明确、运动感更强。
- 特征的还原和细节补充。不得不承认信息高于装饰，在确保信息的完整性后，我们在不干扰信息呈现的情况下还原一些原来删去的细节，如背景缝线的还原，选择了低透明低饱和的浅灰色，让棒球更真实。

当我们浏览这个页面时，强视觉冲击力的棒球大效果映入眼帘。经过简单的视觉扫描我们便立刻了解了这个专题的核心主题。结构清晰、主题明确、视觉强烈，这就是"抄现实"带来的直接而有效的视觉效果。

## 小结

抄现实的过程是利用现实物件为原型来装载网页的信息内容。"抄现实"就像旧公寓改造，倘若我们将"抄现实"想象成一个旧公寓改造工程，假定我们和房子原主人有着不同的生活习惯，我们就需要拆墙，重新划分功能区，重新装修装饰，正如我们"抄现实"的方法：减法、分块、加法。下面我们来具体看看它们的相通之处。

## 减法

首先根据生活需要，我们会选择一个形态大小合适的房子，这个房子要满足居住人的基本功能需求，整体的改造也需要在可操控的成本范围内。选定房子后我们可能会先拆去原先的分割围墙，方便我们设计出更贴合现有需求的空间。网页设计也是一样，原先的细节经常是束缚想像力和内容设置的枷锁。当然我们也不能无限制地拆墙，保留梁柱和承重墙是必需的，这也便是我们"抄现实"网页设计方法中提到的特征，房子必须还是房子，抄袭的事物必须能被识别，这是删减的底线。总而言之我们归纳为三点：一、选房要合适，选对房可以为后面的工作节省最大的成本；二、拆墙越干净操作的自由度越高，同时也要考虑重建的成本；三、拆墙不能毁梁柱，保留梁柱和保留物件的特征一样重要，没有了它们，不论房子还是现实物件都将不复存在。

## 分块

在功能划分前，我们必须再梳理一遍自己的生活需求，正如我们在进行网页分区前所要做的信息消化。比如我们希望一个更大的洗浴间，或者希望将客厅娱乐与卧室一体化，这时候我们可以在房子的基本大轮廓内，结合管道的基本设置进行空间的重新划分。分块的这个步骤主要是解决功能性问题。满足功能需要才使一切行为变得有意义。网页设计中的这些信息内容就如同吃喝拉撒睡，这些是最重要的。

## 加法

与分块解决的功能性问题相比较，加法解决的则是填充和装饰的问题。在做完分区并完善好了基础装修之后，我们就可以陆续将我们的生活用品搬进房子，配置家电、沙发什么的，正如网页设计中的内容填充。如果时间和金钱充裕我们可以购买符合自己个性的装饰物、调整灯光气氛等，让我们的生活环境看起来更有情趣，也正如使我们的网页看起来更生动。它是一种锦上添花，它可以为你的视觉加分，但切忌过于繁复而影响到了功能的使用，毕竟家不是博物馆，网页信息传播才是最重要的。

## 抄现实让网页主题一目了然、不言而喻

下面我们通过“减法、分块、加法”这三个步骤来欣赏和分析一些网页案例。在关注大的方法的同时，也可以学习它们的创意思路以及对于细节的处理方式。我们还可以关注近似主题的不同抄袭目标，以及相同抄袭目标的不同表达方式。

一个主题，我们可以有多种的联想，并呈现出不同的设计表现。

关于节日的联想有很多：欢聚、美食、红包、鞭炮、礼花、祝福。

制作前，我们的设计结果有着多种可能性。

下面我们看看三个关于节日的案例，它们选择了不同的抄袭对像，为我们呈现了不同的节日视觉。

右图是一个春节活动大盘点主题页面，页面由六个活动组成，每个活动只呈现其活动名称和时间，内容并不多。这里作者引用了节日团圆的联想，选择了圆桌来作为抄袭对象。每个活动为圆桌上的一个成员席位。红黄色的桌子和蓝色的纹理背景，让颜色饱满、年味儿十足。

（1）减法：减法不仅仅包括细节上的删减，也包括角度变换和视觉替代，这些都依据实际网页的信息量而定。这个案例改变了圆桌的日常视觉角度，以俯视的角度替代，俯视角度给内容摆放留下足够空间，并能以最均衡的方式呈现六个席位的活动信息。

（2）分块：圆桌分为六个成员席，每个席位代表一个活动。主 SLOGAN 视觉安置在圆桌中间的转盘上，其他按钮和补充说明信息置于圆桌之外的区域。

（3）加法：在基础内容填充完整后，在桌上加入了筷子，进入按钮用酱碟来装载。近景由于模糊绿叶的加入，使画面有了前后的景深关系，也让红绿色彩的搭配更加饱满。

这是一个韩国甜椒闲暇活动大盘点页面，PMANG在节日里将公司各种游戏活动齐聚一堂为玩家献上了节日大餐，与上个案例一样也选择了节日聚餐的概念，但由于信息量的不同，这个网页选择了盘子做为活动内容的载体，近似的主题近似的抄袭对象却呈现了不同的视觉结果。

（1）减法：这里同样采用的是俯视角度，在此基础上作者还省略了桌子的表现，这种省略为后面大量的菜盘创造了更大的空间，同时也突出了承载活动的菜盘。

（2）分块：这个页面以菜盘做为基础分块单位。由于信息量较多，这种纵向规则的菜盘排列方式较之上个案例的圆桌方式有了更大的可延续性，为随时可能增加的大量活动做好准备。

（3）加法：配上筷子、酱碟、小花等活跃气氛，空盘、实物菜品盘的加入增强了真实的气氛，缓解了过于拥挤的信息量，也让菜盘排列更加工整。

这是韩国C9的圣诞节专题，同样是节日，这里选择了祝福的联想，利用信件来承载和传达活动信息。主视觉是一个红色的信封套，内容则通过折叠展开的信纸来承载。信纸的延续性设计良好，信息承载量大。LOGO位置摆放相当精巧，圆形的LOGO造型正好替代了西方信件的封口油泥，西式的祝福气氛得到了点睛。红绿的色彩搭配契合主题。抄现实的整体表现延续性好并且直观。

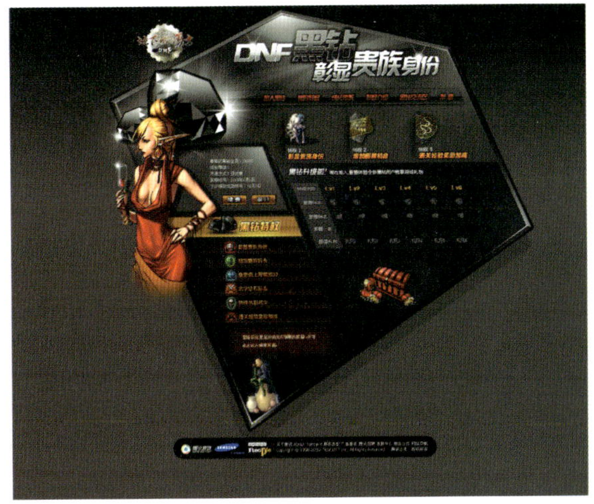


这是一个 DNF 的黑钻推广、订制和续费的页面，黑钻是针对 DNF 的 VIP 用户开设的游戏特权图标，在这里，作者选择了黑钻的形态作为整体的网页视觉载体，主题明确而直观。

（1）减法：在选定黑钻为专题的抄袭物后，作者开始通过减法删去黑钻的立体切面光泽，保留了钻石的外轮廓和黑色。把“黑”和“钻”有效的提炼出来。

（2）分块：根据页面内容和黑钻的轮廓线，作者通过与其外形相平行吻合的斜线进行分区，在这个部分我们可以看到作者对右侧表格的精巧优化。

（3）加法：空间分块和进行内容的填充完成后，作者加入了左侧低胸手持红酒杯的游戏人物以及写实的黑钻，将黑钻的尊贵的身份交待完整，底部的人物图形的小提示和右下方的宝箱图片对多余的空间进行了填充，也让页面更加完整和生动。

这是一个赛车游戏的活动专题，这个专题由多个活动共同组成，它通过参加活动获得积分，积分累计由少到多，并且在不同的积分结点都有不同的奖品，页面利用赛车游戏的赛道将整体活动贯穿一体，并通过赛道表现了获得奖品的先后历程。很好地将虚拟的里程碑概念通过现实赛道的方式表现出来，既配合了活动内容又结合了游戏主题的表现。微透视的赛道表现也将画面的空间感和赛车的速度感表现出来，让银白色的网页设计简约而不简单，视觉存在感强，并充满看点。通过这个案例我们也可以看到抄现实的表现不仅是现实物体的简单抄袭，也包含了对现实物体的形态概念的提取，赛道地图也正是这种概念特征提取的表现。

一个足球主题页面，选择的对像近似先前案例中的棒球，但由于内容的不同，信息排布的方式类似于之前的节日案例，抄袭对象的选择不仅需要考虑到主题的联想，也要同时关注信息的承载与后期的排版，这个案例就很好地利用了足球的实体造型，完美地安放了五个活动。视觉完整，主题突出。

这是一个棒球游戏的抽奖主题页面，它模拟了儿时在盒子里抽奖的画面，充满了童趣和游戏的快乐。它虽然也是一个棒球的游戏页面，但主题侧重点不同，抄现实的对象也就不同。这里突出了抽奖主题的活动，棒球运动则通过草地及背景上的棒球和球棒来体现。

之前的案例基本只有一个核心活动，而这个案例则是由两个相对并列的活动组成：一个是以游戏筹码桌为主视觉的部分，是一个抽牌得积分筹码的活动；另一个是以手持写字板为主视觉的是一个签到活动，通过签到获得积分和奖励。它通过两个关联的承载体将两个活动串联在一起。我们可以想象它们是在同一个空间里的故事，玩游戏得积分，然后再去管理员那里签到获得积分。视觉表现的情境感强，即使看不懂文意也能通过视觉和游戏经验来读懂大致的活动内容。另外这个页面大到活动主体的游戏扑克，小到按钮和提示都用到抄现实的表现方式。内容设置精巧，主题突出、视觉整体性良好，

这是一个解除密码锁的活动页面，只要打开仓库的大门，成功解除密码锁的玩家就可以获得奖品。这个页面的抄现实表现主要集中在仓库大门和解密板上，大门的平面为信息排版提供了空间，钢铁的质感对应科技化的密码锁，看起来真实并充满挑战，门把手、开门转盘、压力表等元素的加入让大门的表现更加生动。

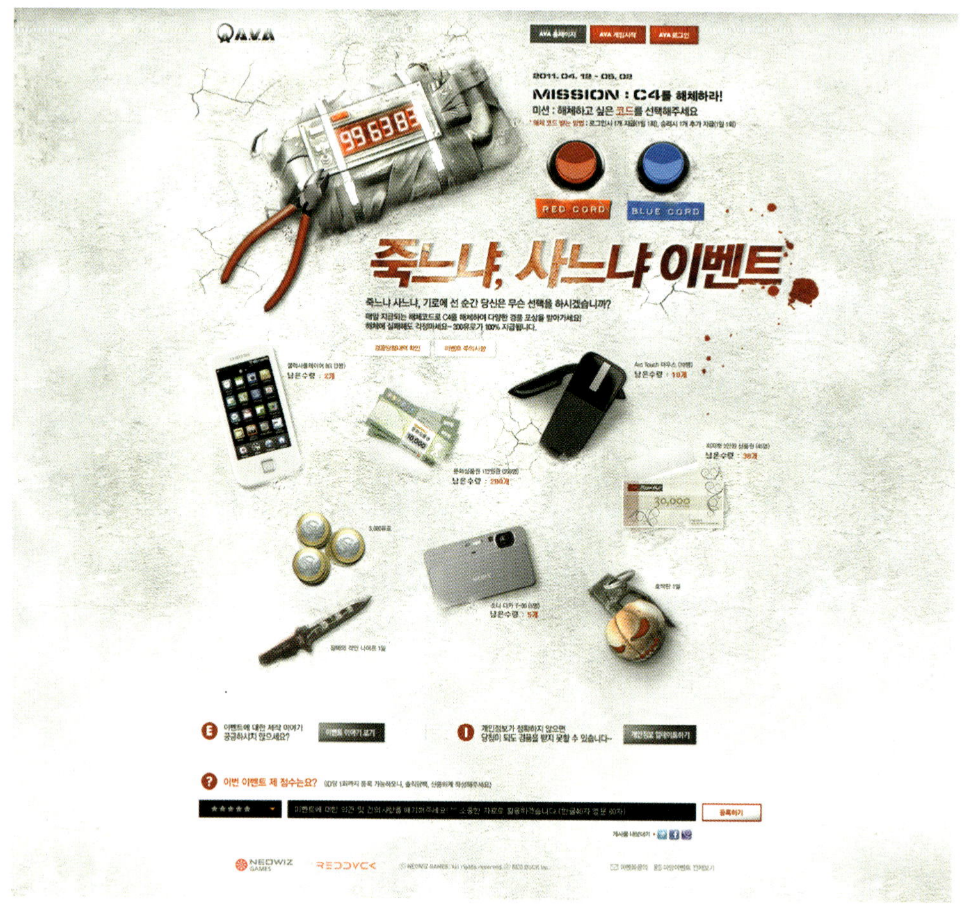


这是一个抽奖活动，但作者将它依附于拆弹情境。题材与上个主题近似，但由于 AVA 是一款射击游戏，所以这里的解密选择了抄袭拆弹现场的视觉表现。雪地里冰封的定时炸弹，红色的面板显示着剩余的时间，右边则是2选1的红蓝按钮，点击其中一个炸弹可能会拆除或者爆炸，如果成功拆除就能获得奖品。作者在这里很写实地还原了拆弹现场，包括奖品也将其置身于拆弹雪地的现场，并和雪进行结合，情境感极强。两个拆弹按钮也作了现场还原的雪迹处理，寒冷的气氛和倒计时的表让人感受到现场拆弹选择前的紧张窒息的气氛。

## 《剑灵》武神塔介绍专题、QQ 西游安全中心

下面我们来自己动手试一试。为主题选择合适的"抄现实"目标，并对其进行特征提炼，把握内容排版与抄袭目标的关系，并注意细节搭配，让整体更加生动。

### 案例 1 《剑灵》武神塔介绍专题

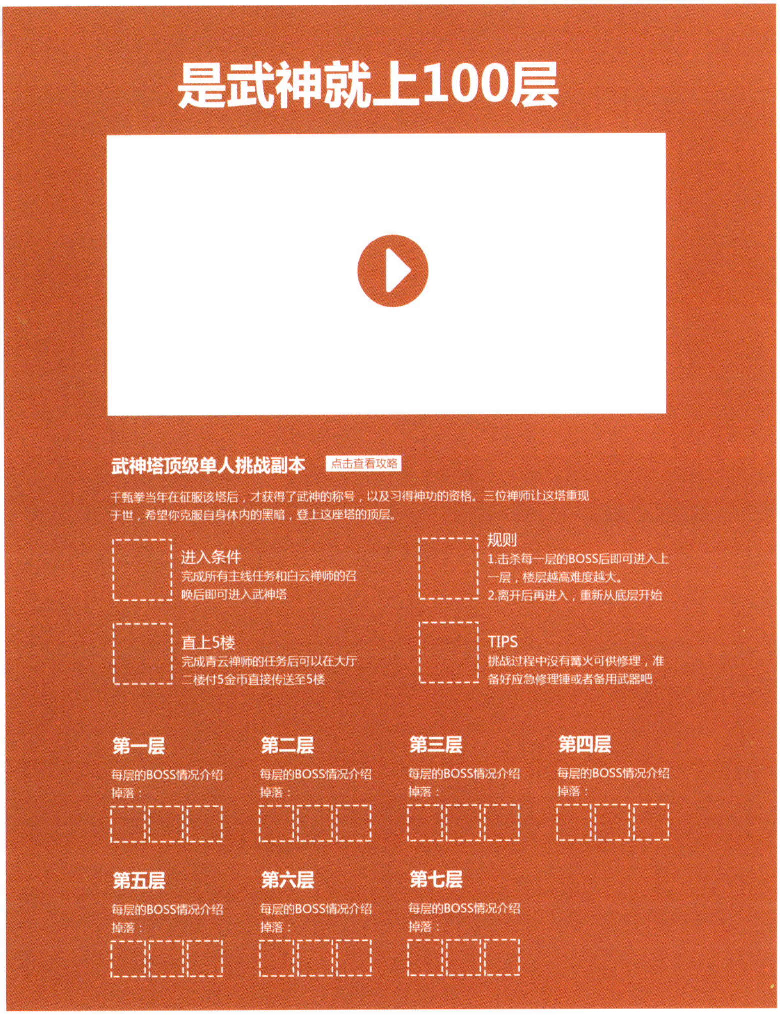

是武神就上100层

武神塔顶级单人挑战副本　点击查看攻略

千甄拳当年在征服该塔后，才获得了武神的称号，以及习得神功的资格。三位禅师让这塔重现于世，希望你克服自身体内的黑暗，登上这座塔的顶层。

进入条件
完成所有主线任务和白云禅师的召唤后即可进入武神塔

规则
1.击杀每一层的BOSS后即可进入上一层，楼层越高难度越大。
2.离开后再进入，重新从底层开始

直上5楼
完成青云禅师的任务后可以在大厅二楼付5金币直接传送至5楼

TIPS
挑战过程中没有篝火可供修理，准备好应急修理锤或者备用武器吧

第一层
每层的BOSS情况介绍
掉落：

第二层
每层的BOSS情况介绍
掉落：

第三层
每层的BOSS情况介绍
掉落：

第四层
每层的BOSS情况介绍
掉落：

第五层
每层的BOSS情况介绍
掉落：

第六层
每层的BOSS情况介绍
掉落：

第七层
每层的BOSS情况介绍
掉落：

# 一、需求分析

## 1.主题

是武神就上100层，“武神塔”是剑灵游戏测试新版本中推出的一个特色内容，它是一个比武场，由底层到高层，难度逐层增加。页面的内容主要分为三部分：视频、武神塔副本的介绍以及七层塔中的BOSS和掉落的宝贝的介绍。需求方希望内容的呈现能够结合武神塔的造型进行表现。

## 2.排版预想

为了更好地表现主题并结合塔的造型，我们选择使用抄现实的方法，并计划利用塔的造型来装下这些信息。但如果将塔的造型与内容相结合我们将面临三个问题：一、保留哪些塔的特征？二、文字内容放在哪？三、如何梳理几块内容的层次？

## 3.现有素材

大概理清思路后，我们来看看现有的素材。都说巧妇难为无米之炊，若着实无米，那就得自己种！开个玩笑，不过对于网页设计来说，真正对到枪口上的素材并不多，许多时候咱都得变着法子玩。

一张武神塔的外景，拿到素材的时候它的像素并不高，只能暂时考虑作为背景的一小部分，如果要将内容放置在塔内的话，这个素材的编辑难度比较大。

武神塔

另外还有两张武神塔的内景截图，图片质量不错，但似乎对这个创意起不了太大的帮助，姑且先留着。

BOSS

下面是每层塔内的 BOSS 截图，这套图一共有七张，由于是游戏过程中的截图，所以人物偏小，质量也不如原画和正式输出的 3D 模型高，而这些个 BOSS 又是内容中必需呈现给玩家的，所以如何扬长避短又是一个难题。

人物

剑灵现有的游戏素材大致可以分为三种：3D、2D、GIF 的恶搞 Q 版小动画。

- 3D素材是一个很写实的风格，如果将其与具体的塔造型结合并还要盛放信息内容的话，那需要绘制出与其匹配的精度，一方面操作难度比较大，另一方面也不利于信息的呈现和查阅，由于过分写实，版式的局限性也比较大。
- 2D素材相对于3D来说相对更概念化一些，但是要绘制出与其匹配精度的塔也是有一定困难的，而且对于一个小版本介绍专题来说，时间也比较有限。
- 第三类，是剑灵的一个有爱化表现素材，是一些周边的GIF表现，绘制简洁、表现力强，也比较具有情感化。绘制出与之匹配的精度的塔的造型也相对比较容易，确实算是个不错的方向。

## 4.总结

通过对主题、内容、素材的了解，我们就有了大概的构思。

我们将通过一个简洁的塔造型去承载整个信息内容，并配合以 Q 版有爱的小动画形像活跃视觉气氛。

每层塔的内容安置在独立的单层塔中，并通过七层塔的组合构成一个高耸入云的塔型。在选定方向的同时也带来一个问题，简约的风格和必须出现的 BOSS 截图风格如何匹配？精度和风格之间的差异都会造成视觉的不统一。如果一时找不到答案，我们暂时把这个问题放在脑子的待处理区。策略从来不是万全的，在大方向确定之后，许多细节问题是在设计中一步步求解的。当然，这个方法并不是最好的，但却是我们经常遇到的情况，天时地利、情投意合的情况是少有的，如果要求以万全的策略才开工，那时间和环境都是不允许的，就像那句话怎么说来着，爱情就像一条河，谁不是摸着石头过河呢？所以在大方向确定后，我们就开始尝试动手了。

## 二、设计分解

### 减法 STEP 1

游戏中，武神塔拥有它复杂的飞檐造型和层次丰富的质感纹理，每层有大小不一的拱门。为了能给信息内容足够的空间，我们将复杂的飞檐造型进行归纳，并暂时去掉了拱门，这样我们也会比较明确信息内容的位置。

### 分块 STEP 2

接下来我们就需要开始对内容进行分块，我们知道内容大致分为三块：视频、副本介绍、七层塔。由于七层塔的数量较多，为了能使它与介绍和视频内容有区别并保持七层的统一性，我们将它们进行颜色的区分，并在位置上依照塔的物理顺序，由下而上从一层到七层。由于内容较长，每层塔可以做成收纳的形式，以便控制长度。

### 加法 STEP 3

将拱门重新安置在分层塔的左侧，用来安放每层比武塔的主BOSS，要突出的塔顶加入主视觉调节气氛，在背景加入其他建筑造型。并将主视觉的内容塔置于一个高耸入云的角度，体现了"是武神就上100层"的概念高度。

回头说说先前留下的那个风格匹配的顾虑。如何降低写实的游戏截图与相对简约风格的网页的冲突感。浏览截图我们发现，素材都是塔内的场景，并且基本上是平视的角度，于是便在画面上开了一道立体的门，将场景安置在门后，一致的视角可以增强画面的统一感。门的微写实表现对截图和塔的两种风格进行了中间过渡，减弱了二者冲突感。

## 三、网页设计图

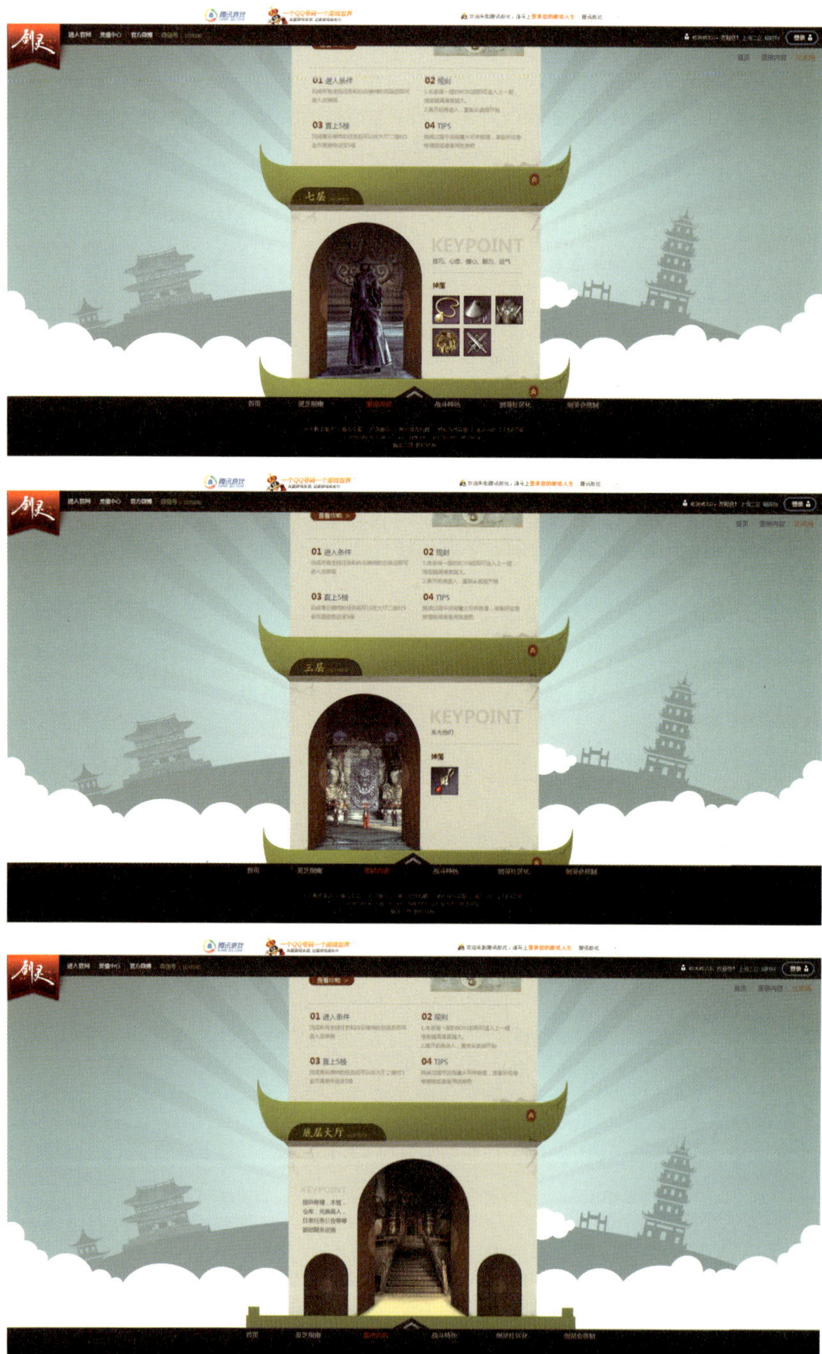

# 案例 2 QQ 西游安全中心

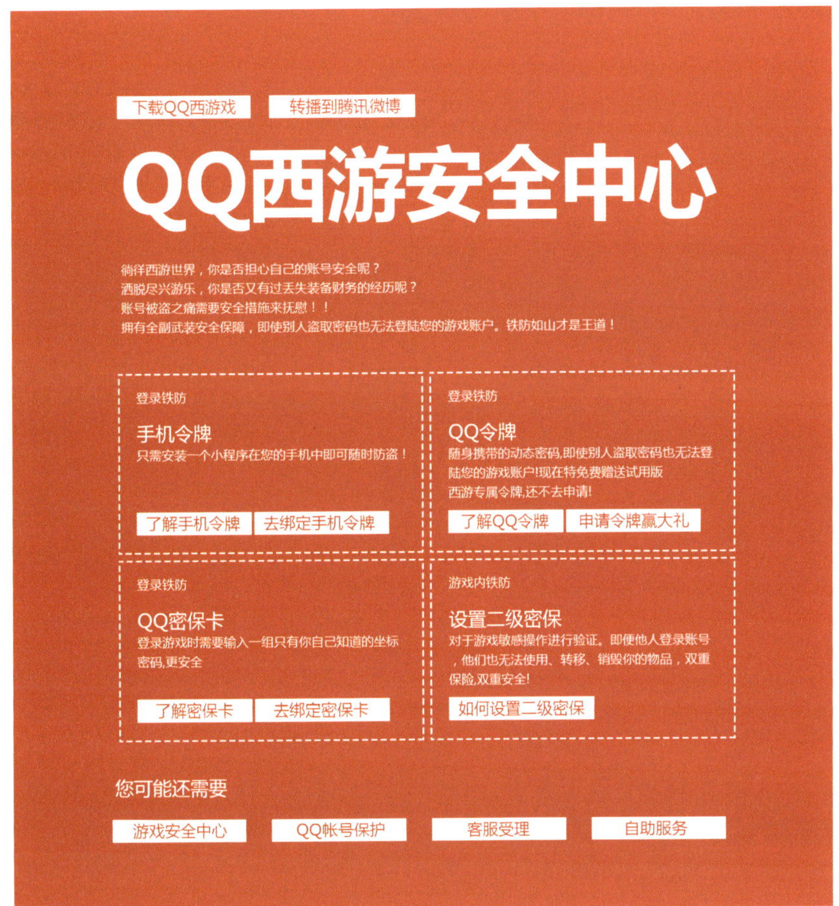


## 一、需求分析

### 1.主题

关于安全这个看似虚拟的形容词，我们可以做怎样的联想？这里我们选择了盾牌，它有防御的涵义，也有一定的空间可能性给我们安置内容。

### 2.排版预想

在我们大致浏览了这个需求后，会发现它的核心是四个最重要的安全"铁防"，然后是它的 SLOGAN 及概述，以及四个拓展功能按钮，所以可以大致设想我们需要一个大的区域和三个小的辅助区域。

## 二、设计分解

### 减法 STEP 1

概括盾牌的外形。我们将盾牌的纹理和细节的造型删去，保留它的金属质感和盾牌外轮廓，将中心部分做为内容的主要承载区域。

### 分块 STEP 2

根据交互稿进行内容区域划分。根据四大活动和三部分辅助信息，将内容区域分为四块。通过丝带进行区域分割以满足信息承载的需要，并微调了盾牌的结构，安置四个拓展按钮。盾牌的整体造型识别度依旧较高。

### 加法 STEP 3

填充内容并进行修饰。在大体的框架搭建好后，我们加入人物，细化背景，并进行具体内容的排版和填充，丰润细节。

## 三、页面展示

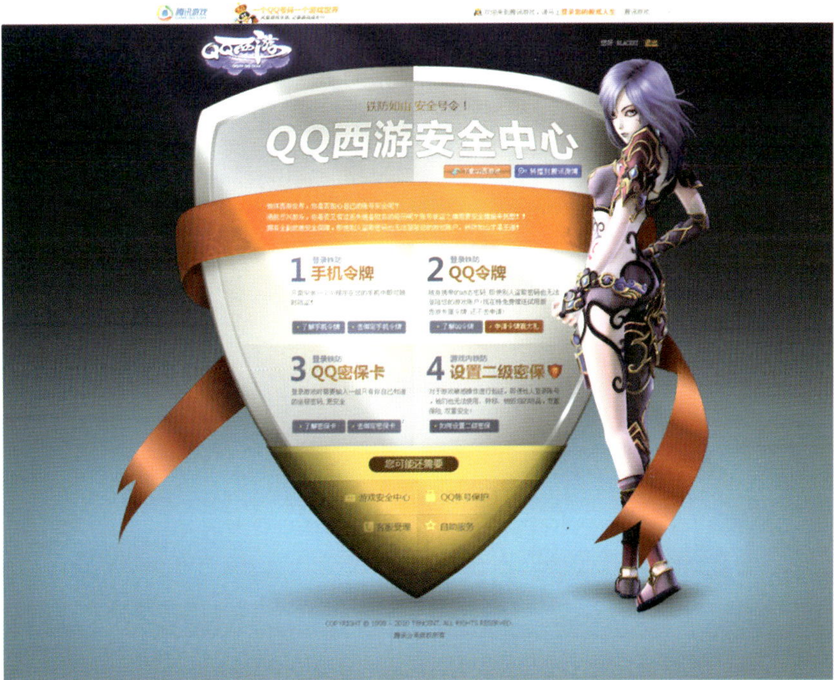


这是一个早期的抄现实网页，虽然有许多设计上的不足，但过程中的基本思路和步骤分解希望能够对您有一点帮助。

# 02

# 圆、方、三角

七巧板，或许我们小时候都玩过，我们曾利用它简单地拼出想象中的各种动物花鸟的形态，有时我们也会有意外的造型收获。正如这七巧板，圆形和方形与三角形则是网页造型结构中的精髓元素的归纳，即使再丰富生动的物体也可以由它们组成。现在我们利用它进行网页框架的打造，不知道会不会有意外的惊喜呢。

## 三种基础形态组合的视觉盛宴

圆、方、三角是利用自然界最基础的三种形态进行形态构思的一种方法，类似于国画里的山水泼墨法。圆、方、三角利用三种形态的内在情感的相互配合表达不同的视觉感受，在随性和游戏中寻找到富有创造力的视觉效果，并通过理性的修正和细化，最终找寻到符合主题的造型。

做为自然界视觉的三种基础形态，它们分别由直线、折线、弧线组成。

### 1.圆

它由弧线组成，外形光滑圆润饱满，这样的形态通常让我们浮现一些可爱、灵动的、有亲和力的画面想象，它通常在一些Q版的、欢乐的主题中较常出现。

### 2.方

这是一个最整洁的形态，它由直线构成，在门户网页和报纸的排版中最常出现，因为在阅读浏览上方形可以尽量排除形态上的干扰，横平竖直以最整洁的方式梳理信息，所以方形经常出现在信息量较大的页面中，或者庄重、严肃、情感内敛的主题中。但方形这种横平竖直的、一丝不苟的"整齐"有时也显得呆板、生硬。

### 3.三角

它是由折线尖角构成的，形态上有急转直下的意思，尖锐的造形给人以强烈的情感刺激和反差，倾斜的角度也会带给人以速度感。所以三角的形态给我们带来的感受通常是刺激的、运动的、时尚的、尖锐的。这样的形态时常会出现在一些时尚运动品牌或体现速度感、暴力、刺激等主题中。

纵观我们的日常页面，方形因为其整洁、易识别、重构性好的特点在网页设计中应用比较广泛，但与此同时也容易让人审美疲劳，形成画面生硬的印象，所以在非门户或大型资料站等页面上可以采用圆、三角这两个元素进行调和，如内容不多的小型资料页，用以增强视觉上的灵动和刺激，让页面快速抓住玩家的眼睛，达到专题快速传播的效果。

简单说来，圆、方、三角的优点就是在形状的理性情感牵引下，利用拼图和类泼墨的方式打破习惯性思路，创造在自己预想之外的新奇效果。因为没有了细节的牵绊，所以我们对整体形态、色彩以及内容的排版更加游刃有余。圆、方、三角的组合过程是一个将理性、运气、联想集合一体的设计方法。

# 圆、方、三角设计方法的优点

## 1.打破习惯性思路

由于长期的经验积累，我们通常会选择一条合理的、便捷的道路通往目的地，但这条路往往已被千万人踩踏，缺少令人惊喜的风景，圆、方、三角的思维方式正如中国的山水泼墨法，为我们枯竭的思维打开了创造性的大门。这是一个冒险的过程，但没有冒险也就没有未曾被人发现过的美丽风景。

## 2.理性把握主线情感

选择主形态就是掌控整体气氛和情感的主线，在理性的选择中泼墨，既可以不受思维限制，又可以使结果更接近于主题。另外，因为基础元素的简单，我们还可以在整体色彩的搭配上有较强的掌控力。由于在尝试过程中没有具像的形态，所以受到的形状和色彩的拘束较少，而基础形状和颜色的情感就可以更加充分地发挥。

## 3.变幻灵活

它不受实物的理性限制，无细节负担，它可以在多种可能性中跳来跳去，我们可以毫不怜惜地随时撤销原来不合适的想法并奔向另外一个更有意思的创意。信息排版方面，可以快速调整版块和文字比例，在一种非完全具像的实物中我们可以较灵活地调整它变换部分的空间比例大小来适应内容的摆放。

## 七巧板组合和天马行空联想练习

现在我们就来用这三种几何形态为页面视觉做一个简单的配餐吧！在此只是做一些简单的尝试，三种形态的组合还有许多。在日常的页面设计中我们可以根据内容进行页面基础框架的打稿。在配搭时，必须注意选择其中一种形做为主形，避免形成大形不清晰，小形各自独立的碎块。一起来尝试做些小练习吧。

设计是一个

**理性+运气+联想**

的过程。

## 一、七巧板练习

我们简单地使用这三种形态进行合并、交集、排除的拼合，可以放大缩小任一形状。在这个过程中有两点需要注意：

- 注意主形，为了保证整体造形的美感，我们需要选择其中一种形做为主形，避免形成大形不清晰、小形各自独立的情况。
- 注意形的情感和空间想像。根据主形的不同，画面会产生不同的情感，把握情感可以增强我们对空间的想像。在练习过程中我们可以感受到未来页面丰富的形态变化。

我们在此只是做了一些简单的尝试，圆方三角的组合还有许多。在日常的页面设计中我们可以根据内容进行页面基础框架的打稿。

## 二、天马行空环节

在这个环节中我们可以对任意打出的草稿进行形态想像。它有一定的目的性，我们可以结合主题来变换各种几何搭配，不断刺激寻找到创作的 G 点，将草图中的概念结构形态转换成具体的事物。

我们拿上一页的最大图形举例， 它是一个以方形为主三角为辅、小圆为最次的形态。这样的形态是丰富而饱满的，含有三种元素，并且有主有次。在我们打好满意的框架造型后就可以开始实物化的设想与制作了。

它可以是一个信封、可以是测量器、也可以是棒球场。而它们都源于同一种基础的形态。

信封

### 1.信封

在原形的基础上补充了三角，就形成了一张信封，加入层次和阴影，让信息造型更加生动，如果做为邮件或祝福等主题联想，这样一个框架就能够派上用场了。

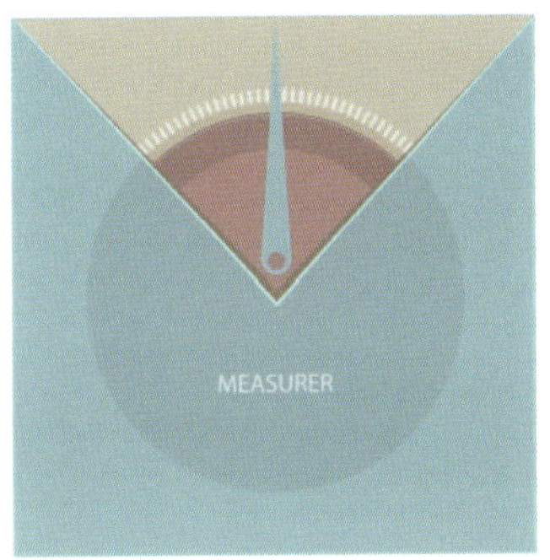

测量器

### 2.测量器

在原形的基础上补充了一个圆形，加入刻度和指针，它就购成了一个测量器，可以是体重测量器或者压力表等等，比如一个压力测试的活动专题或许这个形态便可用上。我们都可以在一个基础形态上根据主题来选择它后续的变换方向。

棒球场

### 3.棒球场

保持大形不变，我们在细节处加入了 45 度旋转的小方形，它就变换成了一个棒球场。下面我们来看看这个棒球场的具体页面表现。

# 三、细化丰肉

在确定了要转换的对象并排布出相对合适的内容位置后，我们便可以安心地开始细化它的质感、颜色、层次，并加上一些细节元素使整体表现更丰富饱满。细化的过程主要有三个内容：

## 1.颜色

圆方三角的组合是由粗到细、由概念到具像的过程，所以它可以比较自由地把握色彩搭配关系。我们可以在建立圆、方、三角初期模型的时候就尝试定义其色调，以免后期细化后再进行繁琐的调整。

## 2.内容布局

在信息排版的时候，因为其不规则的形状，有时需要适当调整字符和图片内容，并把握疏密和节奏。这个步骤接近于抄现实"的分块环节。

## 3.形态细化

颜色和内容布局敲定后，我们就可以对形态进行细化，加入素材和细节，并添置与之对应的装饰。一个页面便可以大体完成了。

从以上特性来看，圆、方、三角的做法似乎比较冒险，不如抄现实来得稳妥，抄现实是一种基于日常逻辑的关联应用，而圆、方、三角则是一种不断自我迭代刺激大脑的想像过程。它不断刺激我们在预期之外的联想兴奋点，激发出许多意想不到的创意，这些创意的角度、组合、色彩可能经常超出自己的日常逻辑。

## 设计是一个理性 + 运气 + 联想的过程

一个饱满的形态正如一个性格饱满的人，都是由多种不同的基础元素和基础情感构成。三个形态在通常的情况下是并列存在的，但在不同的主题中却各有主次，正如人的性格一样，大多都会有一个主要性格在主导着情绪的方向。选择主形，配以辅形，这样设计便具有了明确的个性和丰富的情感基础。

这是一个俄罗斯方块游戏，圆形的主形使整体形态的主线感情更加有趣、Q版、灵动。时钟分块构成的三角，给人游戏的刺激感。背景隐藏的方块， 方面表示了这是一个俄罗斯方块游戏，另一方面又使圆方三角的造型更加饱满。主形明晰，形态层次丰满。

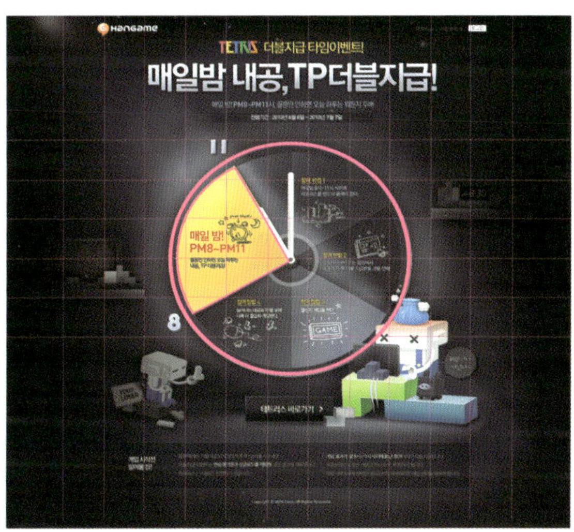

初看这个页面似乎很难找到它的主形，但通过辅助线我们可以看到它的三角形态与游戏 LOGO 的边三角相互呼应。在主形与 LOGO 的交接部分搭配了弧线，这种形态配合了游戏本身介于 Q 版与写实之间的游戏角色风格特点。两边的直线使整体的形态结构进一步饱满化。整个页面虽然各自为块，却浑然一体，刚柔并济。

三角做为这个页面的主形，配以人物形成强烈的透视，给人以强大的视觉冲击力；第二层形是圆形，它隐藏在棕色地面的弧形轮廓中，并与远处的蓝色地球呼应；第三层形是方形，它体现在游戏地图的方格中和地面的方格纹理中。主形冲击力强，圆方三角配合巧妙、形态饱满。

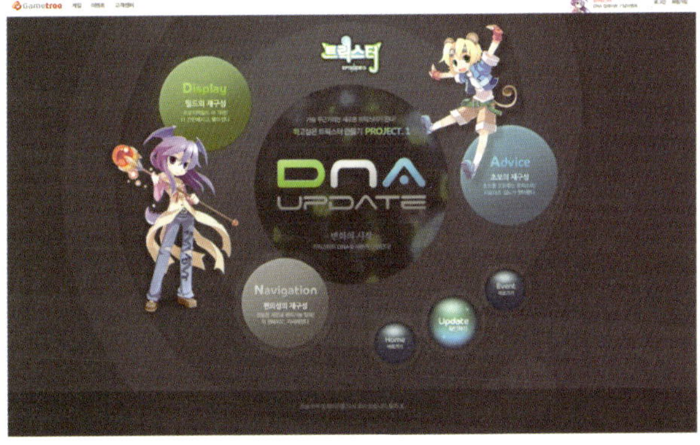


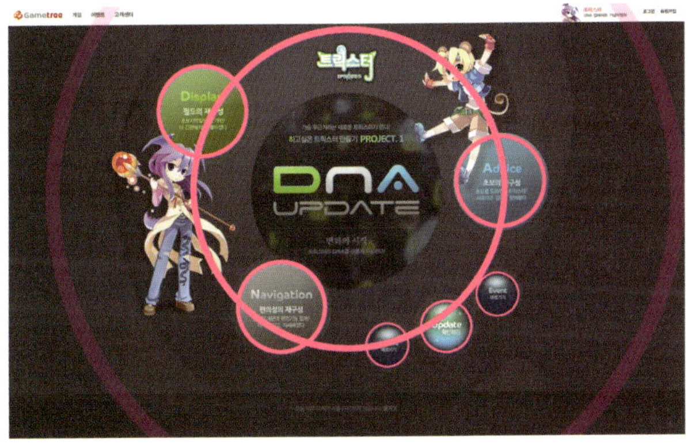


这是一个基本由纯粹圆形构成的页面，画面柔和、可爱、灵动。文字排版的隐性方块稍稍弥补了圆形造形的单一。整体页面相对丰满、有趣。

## QQ 西游愚人节专题

圆、方、三角的思路是一个从无到有的尝试过程，在虚无的尝试过程中，我们唯一可以把握的是它的形态情感，让这种形态情感牵引着我们。所以首先主形的选择很重要，其次是三种形态的配合，第三是形态的主题联想与造型实现。当然在这个过程中我们必须兼顾信息的体量和形式，这样能做到二者的完美结合。下面我们来尝试一下。

## 案例 QQ 西游愚人节专题

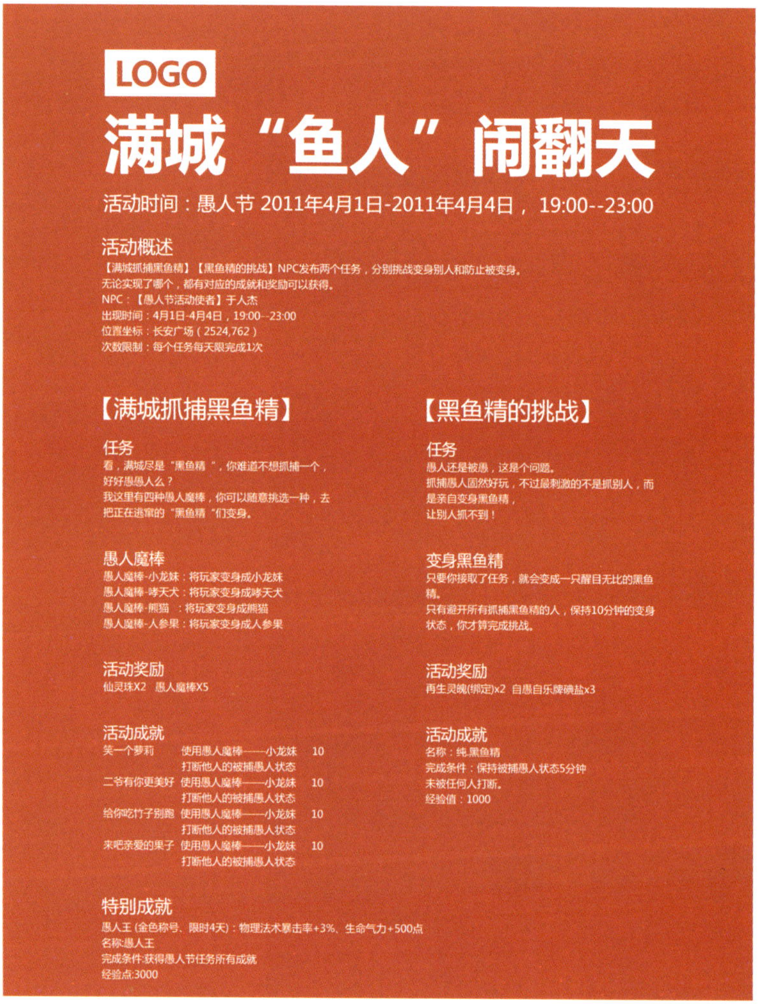

LOGO

# 满城“鱼人”闹翻天

活动时间：愚人节 2011年4月1日-2011年4月4日，19:00--23:00

### 活动概述

【满城抓捕黑鱼精】【黑鱼精的挑战】NPC发布两个任务，分别挑战变身别人和防止被变身。
无论实现了哪个，都有对应的成就和奖励可以获得。
NPC：【愚人节活动使者】于人杰
出现时间：4月1日-4月4日，19:00--23:00
位置坐标：长安广场（2524,762）
次数限制：每个任务每天限完成1次

### 【满城抓捕黑鱼精】

#### 任务

看，满城尽是“黑鱼精”，你难道不想抓捕一个，
好好愚愚人么？
我这里有四种愚人魔棒，你可以随意挑选一种，去
把正在逃窜的“黑鱼精”们变身。

#### 愚人魔棒

愚人魔棒-小龙妹：将玩家变身成小龙妹
愚人魔棒-哮天犬：将玩家变身成哮天犬
愚人魔棒-熊猫　：将玩家变身成熊猫
愚人魔棒-人参果：将玩家变身成人参果

#### 活动奖励

仙灵珠X2　愚人魔棒X5

#### 活动成就

笑一个萝莉　使用愚人魔棒——小龙妹　10
打断他人的被捕愚人状态
二爷有你更美好　使用愚人魔棒——小龙妹　10
打断他人的被捕愚人状态
给你吃竹子别跑　使用愚人魔棒——小龙妹　10
打断他人的被捕愚人状态
来吧亲爱的果子　使用愚人魔棒——小龙妹　10
打断他人的被捕愚人状态

### 【黑鱼精的挑战】

#### 任务

愚人还是被愚，这是个问题。
抓捕愚人固然好玩，不过最刺激的不是抓别人，而
是亲自变身黑鱼精，
让别人抓不到！

#### 变身黑鱼精

只要你接取了任务，就会变成一只醒目无比的黑鱼
精。
只有避开所有抓捕黑鱼精的人，保持10分钟的变身
状态，你才算完成挑战。

#### 活动奖励

再生灵魄(绑定)x2　自愚自乐牌碘盐x3

#### 活动成就

名称：纯.黑鱼精
完成条件：保持被捕愚人状态5分钟
未被任何人打断。
经验值：1000

### 特别成就

愚人王（金色称号、限时4天）：物理法术暴击率+3%、生命气力+500点
名称:愚人王
完成条件:获得愚人节任务所有成就
经验点:3000

# 一、需求分析

## 1.主题

QQ 西游满城鱼人闹翻天——这个题目可能就是我们收到的来自项目的需求，内容大致分为两个并列的活动，版块多、文字也不少。要做一张有形式感的页看起来并不容易。怎么办呢？

让我们来简单规划一下吧。主题是什么？它的情感和气氛是什么样的？这是一个愚人节主题活动，在愚人节这一天，人们可以公然、理直气壮的通过各种让人意想不到的方式开朋友玩笑、无厘头的陷阱、爆冷，戏弄者的欢笑与被戏弄者的惊恐构成了我们对愚人节的印象。

## 2.关键词联想

看完交互需求稿后，我们围绕"愚人节"这个主题开始了系列关键词的联想。有趣的、好玩的、搞笑的、刺激的，这些都是愚人节带给我们的感受。另外在 SLOGAN 中，需求方将愚人谐音读作"鱼人"，并以鱼人为对象展开整个活动内容——捕鱼和逃跑这样两个对称的活动类型。

## 3.圆、方、三角的主形选择

我们选择"圆、方、三角"中的谁做为主形态呢？

陷井、惊诧、欢乐，对于这种印象的描述，三角和圆形成为了基础形态中的两个相对接近的选择。

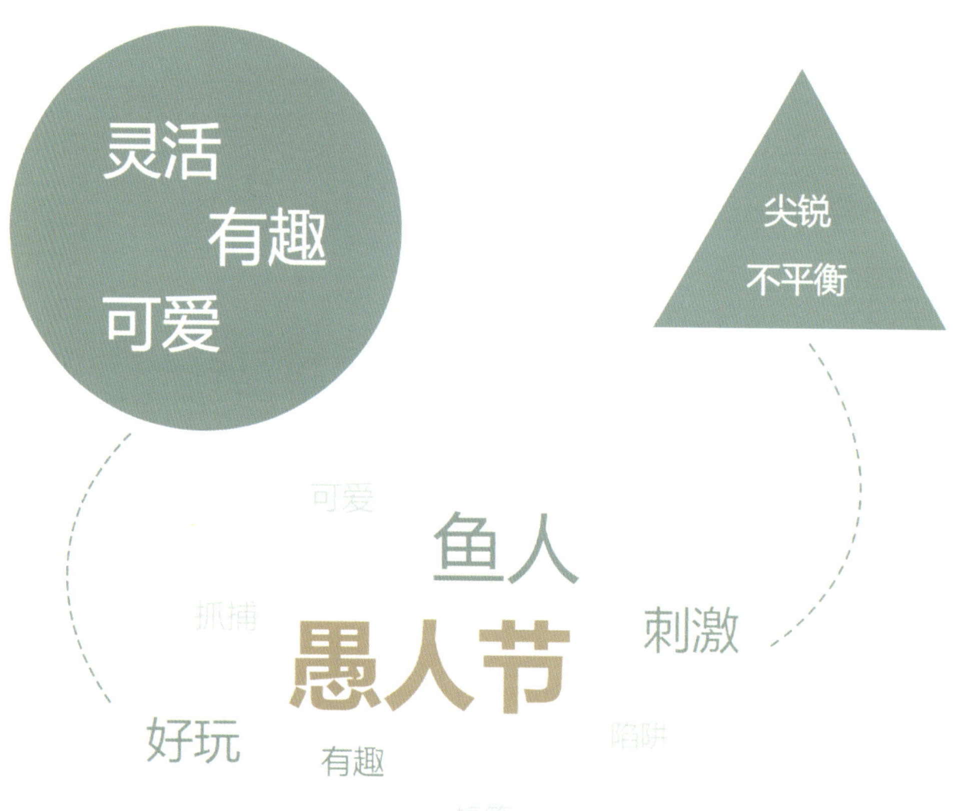


根据关键词联想，我们选择了主形圆形和辅形三角。

圆形：灵动、活泼、有趣、可爱、多变。

三角：尖锐、不平衡、刺激、动感。

## 4.排版预想

内容有多少？我们大致的布局构想会是怎么样的？

交互稿的内容并不少，所以我们需要为它预留比较大的信息空间。

除了 SLOGAN 的主视觉之外，内容分为三部分：概要、核心活动内容、奖励。其中最主要的是核心活动，它分为并列的两大类，每类分别由四个小活动组成。这也便决定了我们未来的页面结构可能会倾向于一个对称结构的布局。

## 二、设计分解

圆、方、三角的设计过程是一个运气和理性、联想相互刺激的过程，他们迭代着互相推进。我们可以泼墨般地尝试无数种方案，由运气不断刺激灵感，灵感不断产生新的体验，但我们也要始终把握住理性的缰绳。所以圆、方、三角的方法将经历两个三步，感性三步和理性三步。

### 1.感性三步

#### 迷茫和坚持 STEP 1

使用圆的主形和三角的辅形进行七巧板式的搭建，我们可以设定基础的配色，这个阶段可能是天马行空的，有着多种不可预计的有趣结果在等待我们。但这也是一个痛苦的阶段，大多时候我们无法定义这个组合出来的图形，并且可能在很长一段时间都没有结果，在这个阶段我们要做的最重要的一件事是——坚持。

#### 渐入佳境 STEP 2

灵感可能在不定期的时候到来，就像等待另外一半的爱人一般，需要原则也需要包容。在这个案例七巧板的执行中我们可能意外地收获一顶小丑帽，小丑有戏弄搞怪的意思，它似乎可以与主题产生一定的联系，这个时候我们可以选择接受，或者冲击更适合的灵感火花。

#### 情投意合 STEP 3

第二个火花出现了，它看起来像一条鱼，而鱼正好与需求方给出的"鱼人节"的主题一致，并且在需求的活动中也是以抓鱼为主题的，这是一个令人欣喜而兴奋的结果。我们将带着这种热情继续下面一个步骤，这种热情会让我们觉得设计是一个多么让人兴奋的事。

## 2.理性三步

### 打大框架　STEP 4

在知道了策划需求后，我们大致清楚了需要一个对称的造型。根据鱼人这个概念，我们通过圆、方、三角的基础形状打出一只鱼的造型。在细化方案的阶段必须确认好色彩搭配的方案、信息内容空间容量。因为这是一个逐步确认的过程，这个时候我们需要更多的是理性。

### 为内容进行布局调整　STEP 5

这个部分主要服务于信息内容，包括信息的类型、信息的层次还有修饰信息的安放等。

### 摆文字和图片　STEP 6

放入必需的图片和文字进行空间的比对，并进一步切割形状、丰润细节，在这个过程中必须注意运用颜色和形态大小保持每个版块的主形，避免过于琐碎。

## 三、页面展示

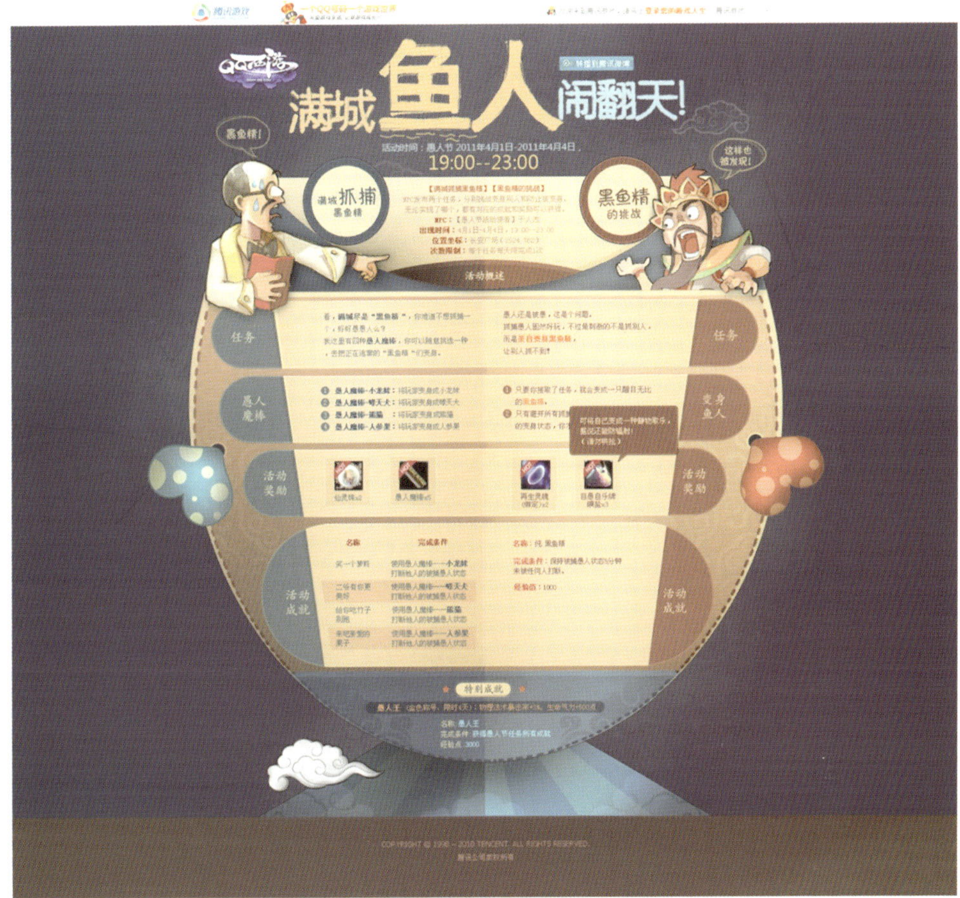


在布局完整无误的情况下疯狂随意丰肉吧。加入装饰物和质感细化，使得画面更加真实、亲切、丰富。一张有爱的愚人节页面就这样快速简单地完成了。

设计是一个理性 + 运气 + 联想的过程，感性三步、理性三步。太多感性则可能会使受众面狭窄或者偏离主题；太过理性则显得呆板俗套。圆、方、三角不仅需要三个元素的形态主次结合，也需要感性和理性的双向互动配合。

# 03
# 断臂之美

因为残缺，它有了与众不同的故事和特点，它的主题性和目标性比起完美的东西显得更加强烈，有时候，我甚至相信：只有残缺的东西才是美丽的。

## 因为残缺而拥有了令人震撼的美

断臂手术是一种推翻正常视觉习惯以达到情感集中并强化视觉冲击力的方法。非常规视觉效果带给人们情感上的不平衡并产生冲动，专题的营销特性决定了设计上需要这种强烈的情感和冲动，它不能像领导的致词那般隐晦或一团和气，它需要有立场。断臂手术的方法通过去掉局部、选取局部以及替换局部来突出核心思想，让特殊的视角和画面带给观众更强烈的感受。

右图是罗丹的断臂维纳斯。

罗丹还有一部伟大的作品"巴尔扎克"也是一具残缺的塑像。

罗丹在完成这尊塑像时，叫了几个学生来一起欣赏。

雕像的造型很别致：巴尔扎克披着睡衣，双手叠合在胸前，昂着硕大的脑袋，两眼注视着前方。

一个学生指着雕像的双手说："老师，这手像极了！我从来也没见过雕得这么完美的手呢。"

然而，这句赞美的话使罗丹皱起了眉头，他沉思了一会，突然举起一把斧头，将那双"完美的手"砍了下来，

学生们都疑惑不解，但罗丹却神色严峻地说道："这双手太突出了。既然这双手已经有了自己的生命，那就不再属于这个雕像的整体了。"

枯枝败叶

断臂维纳斯

秃顶的脑袋

紧握的双手

缺口的酒瓶

**因为残缺而拥有了令人震撼的美**

也许是为了顾全大局的整体性，而砍下了维纳斯的双臂，也许是因为它的特立独行而选择独立的空间，不论是删除了局部还是选择的局部都因为这样一份残缺而使其本身更具故事性和震撼力，引人关注、发人思索。

## 去掉局部、选取局部、替换局部

因为残缺，它有了与众不同的故事和特点，它的主题性和目标性比起完美的东西显得更加强烈。有时候，我甚至相信：只有残缺的东西才是美丽的。

## 一、去掉局部

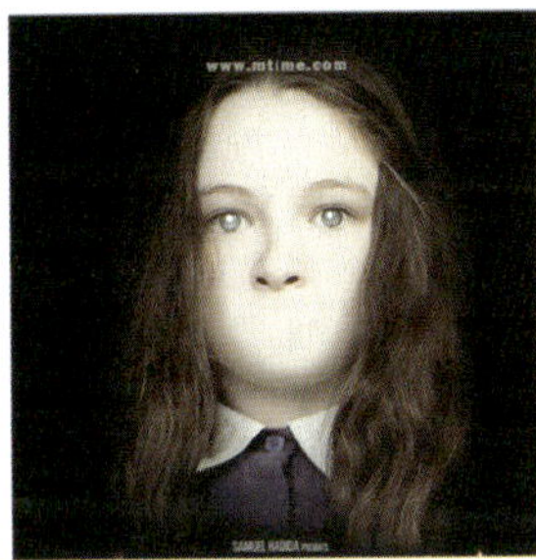

去掉局部是在原先完整的整体上，为了更好地突出、说明事物的特征和主题而删去了其中某一部分，它为主题的表现排除了视觉干扰，使中心更加明确。去掉局部和选取局部在某些情况下是相对而言的，但两者都可以做为一种独立的思路而存在。

## 二、选取局部

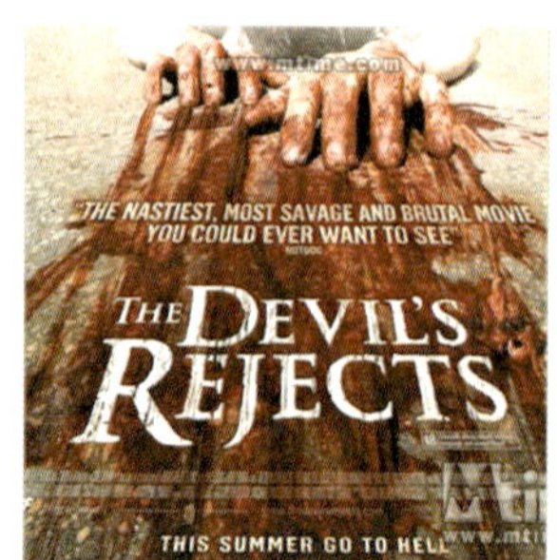


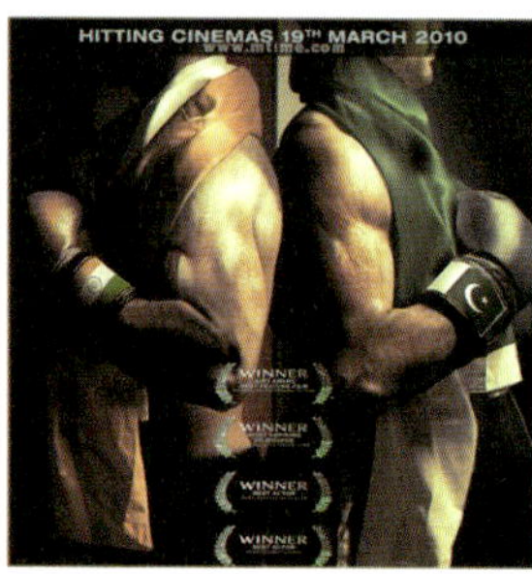

选取局部通常因为选取的这个部分是特征的集中表现，它的独立存在能代表并放大整体的中心思想，使主题更加明确，情感更加集中，起到以少见多、以小见大的功效。

## 三、替换局部

替换局部是使用更能表现主题的事物来替代特定的局部，从而使主题突出。局部的替换一方面可以打破观者的习惯性视觉，另一方面替换事物的独立风格与原有整体结合后，特征更加明显，引发更多的延伸思考。

去掉局部、选取局部、替换局部都是通过不同途径和手法来放大特征的方法，为人们排除干扰、选择重点或替换来强化表现。电影镜头和海报中也时常用到这样的断臂局部描写，当我们习惯了处在某种环境之下，因为它的习惯性使我们的行为不会经过大脑的思考只凭借潜意识进行，但如果我们换了一个视角，变换了处境，我们的思维又会再一次活跃起来，这也是断臂手术的功效之所在。

## 那些未露面的视觉强化了情感的重心

下面我们来一起浏览一下经过断臂手术的页面，它们通过去掉局部、选择局部、替换局部等思路突出了主思想和核心情绪。赏析的过程中主要掌握其思路和方法。

## 一、去掉局部

这是一个收集勋章的活动，所以它去掉了人物的头部和下半身，保留了配戴勋章人物的胸部来表达这个主题。因为它的独立存在能放大整个主题中心，比起一个配戴勋章但却完整的人物形像来说显得更为有效。

这个页面的 SLOGAN 大意是，你还坐在冷板凳上么，复出吧。作者把关注点集中在了角色系鞋带这样一个动作上。灰冷的调子调和看不清的面部表情，将蓄势待发的情绪包裹在心里，给观众一个重重的内伤。这也就是残缺的内在杀伤力。

从视觉上很容易得出这是一个金钱美女诱惑的游戏，它选择了性感的大腿和满地的钞票使主题更加突出，当然红唇、曲线，尺度范围内点到即止的细节也是美女性感的可选表现途径。

## 二、选取局部

战神，即使不露出全脸，我们也能深刻感受并认出角色的形象，另外通过放大角色的脸部特征，使角色的精神显得更为犀利。整个网页以白底为主，并无其他装饰，却使战神的核心特征深入人心。

这是一个赛车公会挑战赛的主题，选择了赛车出发前的最后视角，将关注点移到轮子上，更能体会到那千钧一发的时刻，有一种箭在弦上的宁静张力，气氛紧张，游戏带入感强烈。

WARFACE 官网首页，通过鞋子、血迹和鞋旁的子弹让我们足以感受到气氛的浓烈，通过不一样的气氛表达方式让观众耳目一新。

这是一个两周年的活动，亲近的视角，唤醒了玩家重回战场的渴望。

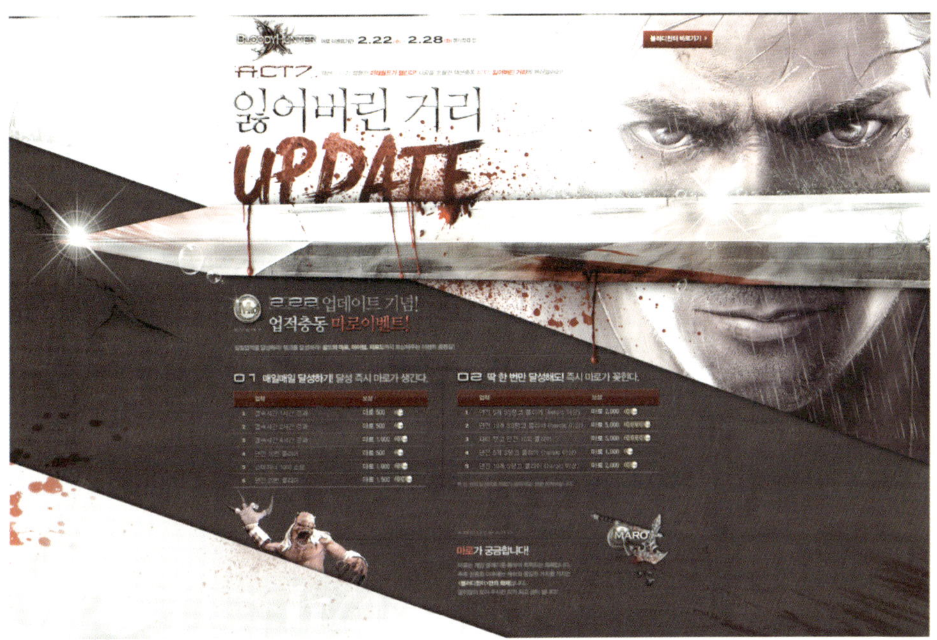


这是一个版本更新介绍页面，放大的视角和由 UPDATE 与剑间组成的血迹，强烈的游戏氛围让人对新版本更加期待。

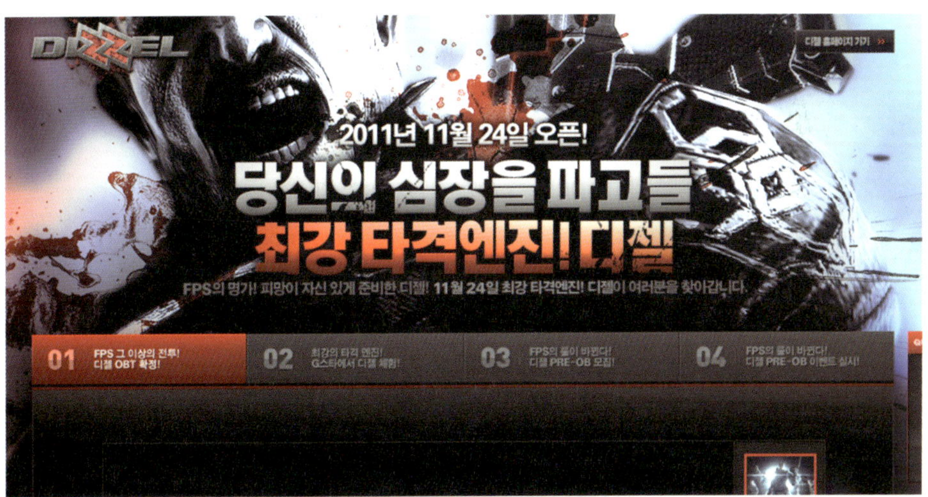


这个专题 SLOGAN 的大意是“给心电波最强发动引擎”，画面中由血迹和呐喊的嘴部特写构成了这样一个血脉贲张的画面。配以这样的 SLOGAN 十分吻合，气氛到位。

指环王中咕噜对魔戒的渴望让人映象深刻，特别是对眼神的刻画，这里将福利包装成魔戒，将着力点集中于咕噜的眼神与魔戒之间，去掉了咕噜其他的身体特征，从大视觉中感到到宝贝的珍贵和唾手可得、近在咫尺的强烈欲望。

100% 获得奖励，作者将视觉的镜头直接的对准了人物手里的丰厚现金。略去了其他不必要的部分，简单明了、主题突出。

## 三、替换局部

眼力够好，睡觉也能拿到奖品——这是活动的主题。这里用放大的纸片眼睛替换正常的眼睛。突破了常规的视觉习惯，点明主题，让人耳目一新。

这张网页的替换感觉不仅仅体现在视觉上，也体现在交互行为上。它通过替换和组合不同人的五官形成有趣的视觉，这种替换的交互行为也体现出了多人参与的主题。

对于一个完整的人像，人们通常最关注的是头部，这两张网页将画面中的人物头部替换成主题视觉元素，通过这种视觉的差异性，达到了强化记忆的效果，使主题更加突出。

## 第九大陆神秘站、QQ 西游感恩季

设计的方法多种多样，条条道路通罗马，从结果来看，它可能从圆、方、三角的路上过来，也可以是根据抄现实的思路得出，但是掌握不同方式可能让我们拥有更多的操作空间。下面我们选择一个日常最常见的礼包主题，通过"断臂"方法为之动手术，放弃完整寻找独特视角。

### 案例 1 第九大陆神秘站

## 一、需求分析

这是游戏《第九大陆》测试的神秘站，当页面的浏览数到达 1000000 时就开启测试，而 1000000 也是站点的神秘数字。需求方希望宣传的氛围带有一定的神秘感，并突出 1000000 这个数字。

我们必须给玩家体现游戏即将开测的强有力气场，却又留有犹抱琵琶半遮面的悬念，另外还需要突出 1000000 这样一个数字。

于是我们利用"断臂手术"的方法进行了以下的设计。

## 二、设计分解

### 置入主体 STEP 1

1000000 这个数字是这个神秘站的主要信息，而战士角色是这次神秘测试使用的主形像。我们将必须使用到的那个大视觉先置入页面中。

### 断臂处理 STEP 2

为了让视觉不同于常规，并能体现出神秘的气息，我们将仅保留战士的腿部，产生犹抱琵琶半遮面的神秘效果。并在其脚下画上一个概念的弧形地球表示大陆，产生一种开启和占领第九大陆的意味，令人神秘并与《第九大陆》的游戏主题相关联。

### 信息排布 STEP 3

创意和布局大致确定之后，我们便可以开始装载入其他的一些信息，并确定它们的位置，由于这个页面信息比较少，所以后期的信息排布也相对简单自由一些。信息确定完整后就可以开始正式的细化了。

## 三、页面展示

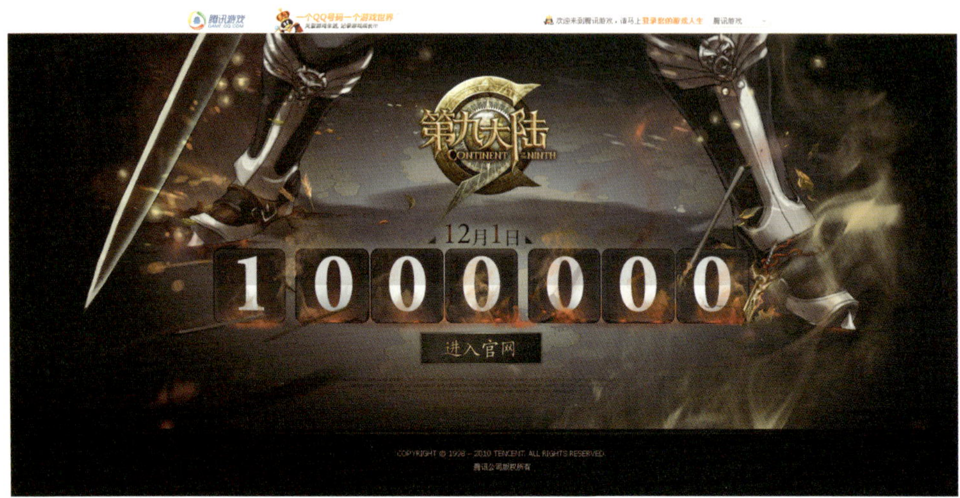


未解开迷团的数字、勇士坚定的双腿和长剑、隐约浩瀚的大陆，它们通过认知和视觉的断层引发了观者强烈的好奇心，从而达到了"神秘和悬念"的主题目的，这种神秘及悬念也便是断臂手术的技法优势和视觉之美。

## 案例 2 QQ 西游感恩季

下载QQ西游戏　转播到腾讯微博

# QQ西游感恩季 在线给力送

活动时间：2011.4.12至2011.5.15　每晚 19:00-23:00

### 第1步 接任务

活动时间找到活动大使感恩兔兔接任务，一小时后可以交任务，同时领取一个"无公害牧草"一个"有机胡萝卜"
NPC坐标: 点击查看详情
特别提醒：我只在19:00-23:00出现，每人每天最多可完成2次任务哦~换线、组团、进副本都不会影响任务完成

### 第2步 换大礼

拿【无公害牧草】【有机胡萝卜】
可以找感恩兑换兔兔兑换丰厚奖励哦~
NPC坐标:2520.760
特别提醒：注意："无公害牧草"和"有机胡萝卜"请在2011.5.31之前兑换完毕哦~

### 兑换奖励清单

| 兑换物品 | 四等玲珑宝珠×1 | 感恩回馈礼包×1 | 公测纪念时装礼包×1 |
|---|---|---|---|
| 无公害牧草 | 1 | 1 | 1 |

| 兑换物品 | 仙灵珠×1 | 神秘的背包×1 |
|---|---|---|
| 无公害牧草 | 1 | 1 |

### 感恩回馈礼包

有几率开出如下物品：舞狮坐骑、极品元神符时装、翅膀50级、金色图纸
神秘的背包：必得一个翅膀、舞狮坐骑或者元神符
点击查看详情

接下来，我们以最常见的"送礼"网页为例，来看看结合感恩季的送礼主题的交互。送礼的交互稿依旧是版块多，文字也不少。主题是，在线好礼给力送、接任务、换大礼。

# 一、需求分析

金币

堆积如山的礼包

很HIGH的人物表情

飘撒的彩带

漫天纷飞的礼花

特殊的奖品图片

打开的箱子

我们选择一个最大众的送礼主题，并选择最常见的表示物品的"礼包"来做试验！

很多概念的礼包

很多真实的奖品

放大奖品成为主视觉

设计的方法多种多样，只要切合主题，并且美观，怎样都没有错。不过我们今天要尝试用我们的"断臂"方法为之动手术。如果我们选择最普通的"礼包"做为主视觉，利用断臂的方法是否能做得和从前不一样呢？

## 二、设计分解

### 选择对象 STEP 1

说到送礼，我们直接联想到的是礼包。如果想设计出与以往不同的视觉感受的送礼专题，我们如何从礼包的表现中脱颖而出呢？在琐碎和分散的造型中，我们锁定其中一个礼包。这时候我们也许会选择用抄现实的方法进行页面的制作，但页面内容的体量可能不允许我们使用这个方法，所以我们可以开始做他的尝试。

### 断臂手术处理 STEP 2

为了让礼包的表现更加精彩并独特，我们选择使用断臂手术的方法，选择了礼包最精彩的部分，也就是它张开口袋撒出礼物和金币的那个最激动的瞬间做为局部。

### 信息位置设想 STEP 3

通过断臂处理，信息位置的摆放也有了合理的空间，我们让内容做为一张礼包中的纸券，这个独立的面积会给后面的信息排版减少不少麻烦。

## 概念图 STEP 4

根据前三个步骤的设想我们开始绘制草图，由于产品的主色调是蓝紫色，所以我们将礼包设定为紫红色，信息面板设定成蓝色。钱币为金色，对比色的点缀可以提亮整体视觉，让色彩感受更饱和。

## 信息排版设定 STEP 5

方形的内容区域对信息排版的限制比较少，高度伸缩起来也比较方便。我们先对信息进行简单的分类，并设定信息模块的主色。

## 填充内容细化 STEP 6

根据大致的布局进行具体的内容填充和细化设计。

## 三、页面展示

由于调整了信息的比重，从结果来看，断臂的痕迹并不明显，它与场景结合构成了另外一种"完整"。不过我们也从断臂的方法中找到了表现礼包的新方式。不得不说断臂手术不仅是一种结果的呈现，更是一种寻找新创意的思路和途径。

# 04 欲擒故纵

需求人和设计人之间的矛盾是设计的永恒话题，如果处理不好通常会把双方推向无休止的互钻牛角尖的争论，在许多需求方的眼中通常没有最重点，只有更重点。不过近两年中国的设计环境似乎稍有改善。

设计过程中，我们的周围经常会充斥着这样的声音：这个部分再放大一些，这个颜色再明亮一些，我们需要更炫的效果......通常在这样的声音充斥下我们很容易简单地使用加法，进行放大加粗提亮，导致整个画面充满了重点，充满了重点也就意味着再次失去重点.

## 面对需求的逆向思维设计方法

它是对设计需求的逆向理解思维，特别是针对变换和修改过程中的需求，它通过反向的思维打破和弥补习惯性的思路，并通过这一思路创造出不同一般的页面布局。

### 需求人和设计人之间的矛盾是设计的永恒话题

需求人与设计人之间的修改比拼，不仅是智商的比拼，还是情商的比拼，如果处理不好通常会把双方推向无休止的互钻牛角尖的争论。欲擒故纵不论在沟通还是设计修改中都是一个可以选择的办法。

这些都要首屏啊啊啊

这个这个这个都要突出

热烈再热烈一点

客户的奸叫

要大要大

### 各种特效各种飘、各种姿势各种招

在许多需求方的眼中通常没有最重点，只有更重点。设计过程中，我们的周围经常会充斥着这样的声音，这个部分再放大一些，这个颜色再明亮一些，我们需要更炫的效果．通常在这样的声音充斥下我们很容易简单地使用加法，进行放大加粗提亮，导致整个画面充满了重点，充满了重点也就意味着再次失去重点。

在一次次不断地被轮奸下，就有了如下的产物：各种特效各种飘，各种姿势各种招……

### 网页设计中的“擒”与“纵”

“突出”与“减弱”我们应该如何应对。

## 突出也可以通过减弱来获得

突出，我们该如何应对，习惯性的加强法可能使排版越来越拥挤，本章推荐的是适当的使用减法，也同样能达到突出的目的。

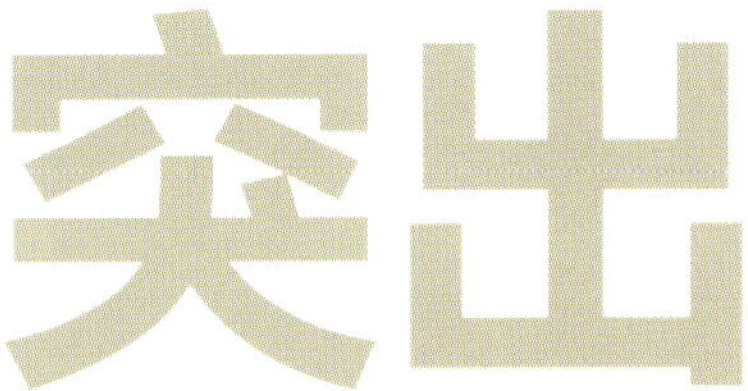

让 **7号** 球突出有几种方法

突出可以理解成是一个相对的词语——相对的突出。这种情况下我们除了加强本体而产生突出的效果，也可以通过削弱其他个体从而产生本体的突出效果，所以，我们来做个小实验。

## 加强法

色彩

结构

加强法是基于重点7号球本体展开，我们在色彩和结构上进行加强法操作。

- 色彩加强法包括：加强明度、饱合度等使其更明亮、更显眼。
- 结构加强法包括：变大、变形、增加标识等。

---

**P.S.**

加强的方法有很多，我们可以总结归于色彩和结构的变化，具体类型不再细分说明。

---

## 减弱法

色彩

结构

减弱法是在重点7号球以外的球体进行操作，我们在色彩和结构上对其进行减弱处理。

- 色彩减弱法包括：降低其他物体的明度、饱合度、透明度等，使主体更加突出。
- 结构减弱法包括：减小其他物体的大小来使主体更大、更突出。

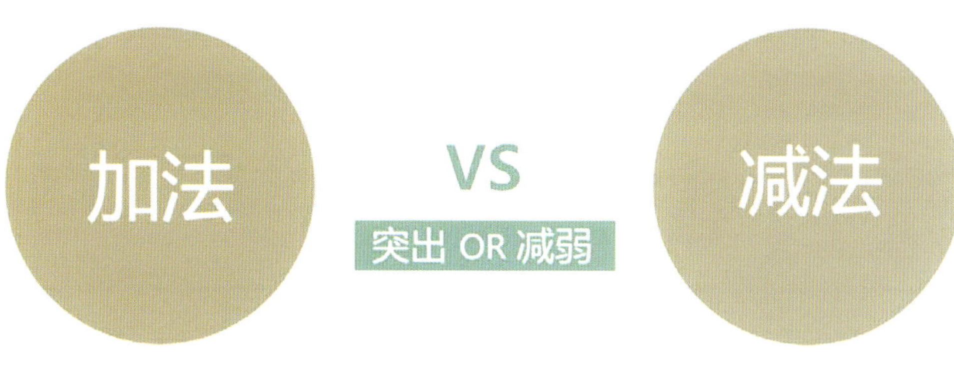


## 加法

加法是在原有设计基础上，增加、突出、放大、强化某个特定部分使其得到突出。加法本身并没有问题，它是一种比较直接的思路，不论是需求方还是设计人都会下意识地使用这种办法，但是物极必反，过于频繁地单一使用加法往往会把自己逼上绝路。

## 减法

欲擒故纵里的减法是通过减少、缩小、弱化其他部分使某个特定部分得到突出，这是一种逆向思维。配合加法一起使用，可以避免画面过于拥挤、刺眼。

## 满

"满"的目的本身是希望用户能够看到并吸收更多信息，但呈现并不表示会被看到，而看到也并不代表会被记住。如何更好地梳理阅读，让用户保持愉快的阅读心态，让信息在合适的时候出现才能真正达到"满"的目的。

## 空

"空"在语义上似乎处于"满"的对立面。但它对内容的吸收率往往可能比"满"更高。留白可以带给信息更好的阅读性，也为设计带来更高的品质感。如果在拥挤的路上走得疲惫不堪的我们，不如反其道而行，欲擒故纵，下面我们就将法码移向右面，来看看"空"境的别样风景。

## 设计中的空带来的更多思考和情趣

专题页面的快速营销特性需要我们适当地冒一点风险、打破一点平衡，以换取视觉上的惊艳。下面我们结合建筑和摄影上的"空"来一同思考和分析"空"在网页中的应用，针对不同的网页信息内容我们应该如何处理。我们也把页面分为内容较少的、内容多而加深层级的、内容多而加长页面的类型来赏析。

### 建筑上的空

在建筑的空间设计上也经常牺牲空间来创造宏伟的视觉感受。

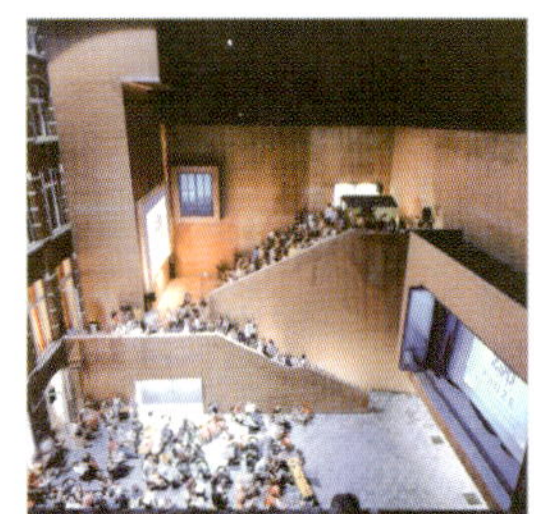

### 摄影里的空

摄影中也常利用空白引发人的深思。

# 一、内容较少的页面

我们先来看一些内容量较少的简洁排版设计，不慌乱的空间给产品赋予了专业和大气的气质。

视觉简洁，作者并不急于将下面部分的内容充满主视觉的空间，而较大量的留白反而让内容成了焦点，条理层次鲜明。

这个页面作者选择了人物后脑勺做为页面的主视觉，大量的留白让主视觉更加深刻并引起对内容的兴趣。

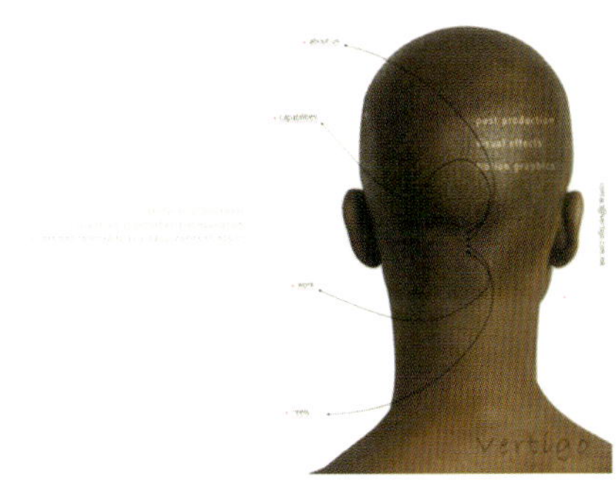

一双蓝紫色的手工皮鞋，在白色底上颜色显得越发鲜亮，右侧针线皮尺工具，让手工皮鞋这个概念更加突出，配上简单的文字介绍给人以冷静不喧哗的专业味道。

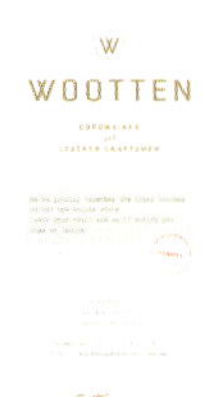

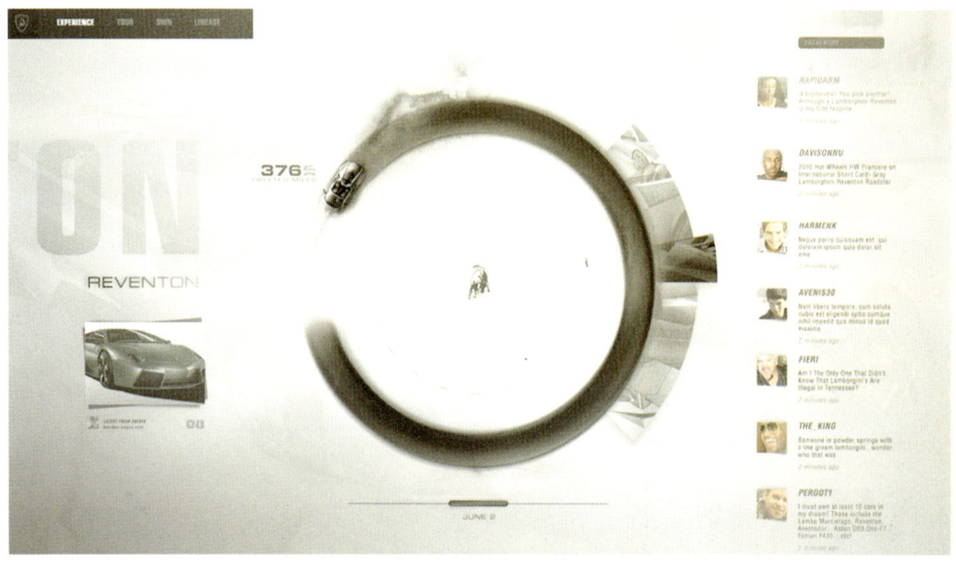


这是一个宽屏设计的页面，灰白色的调子给人以男性化的、时尚的、冷峻的味道。大量的留白和弧线行驶的汽车以及墨色轨迹的刻画形成强视觉节奏，因为背景简单，使前景信息和画面的设计显得更加精致。

简洁的配色，让页面效果明快鲜丽。布局简洁，内容清晰。

## 二、长页面

下面我们来看一下内容较多的页面，在内容多的情况下，我们是否还能以"空"的形式进行设计呢？长页面是一个选择。它能尽量在用户不跳转的情况下通过滚动获得所有的信息。由于无需跳转，长页面的形式适合主题相对连贯的内容，或者在设计上使用连贯的创意以保证持续阅读。除了页面的连贯性设计外，长页面还要注意因为页面过长而产生的疲劳感。下面我们来看看几个长页面设计是如何解决这些问题的。

### 整体造型让信息阅读保持延续性

◀ 这是一个有趣的长页面。玩家通过滚动屏幕浏览完页面的所有内容。首屏的信息相当简洁，用户进入时看到一个瓶盖、一根吸管以及由几个气泡组成的按钮，用户可以通过滚动鼠标进行浏览，顺延着吸管而下的瓶身逐步呈现了页面的内容。创意连贯，交互也很有趣，视觉表现同样精彩。

玩家在首屏时看到的是产品的 LOGO，并通过吸管的引导浏览完全部内容，在形式和内容呈现上都充满了创意。我们将几个关键细节放大如下。

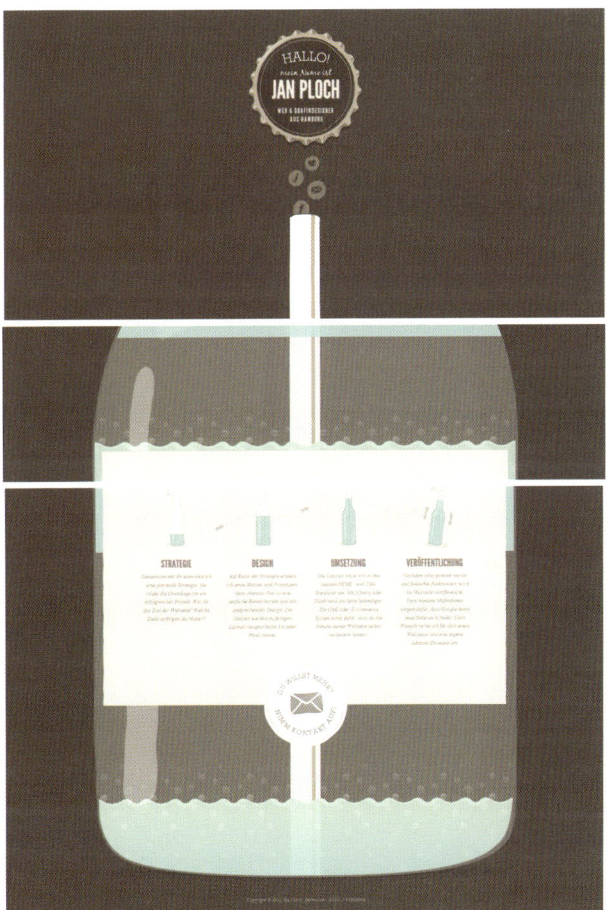

### 虚线箭头帮助页面保持连贯

除了形态设计能让长页面连贯，虚线和箭头也有保持持续浏览连贯性的作用。这个页面将两个在空间上大跨度的内容通过虚线和箭头串联在了一起，手绘形式也很有趣。

### 色彩变换消除疲劳感

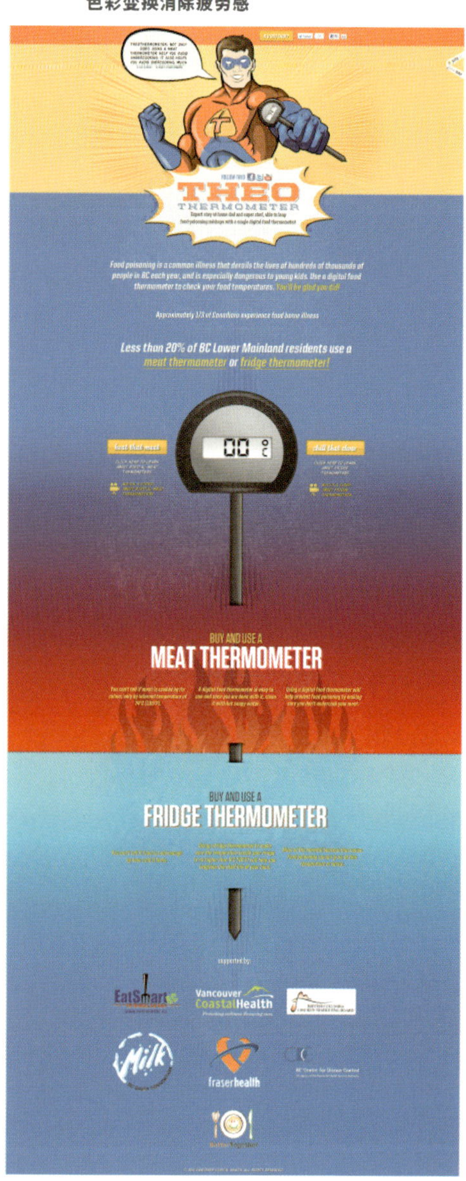


这个页面内容排版轻松，但却通过板块间强烈的撞色对比营造了刺激的气氛。主视觉形象鲜明信息干扰少，主题突出。内容部分通过路牌计温器贯穿所有内容。在轻松的排版中制造了强烈的气氛，色彩丰富却整体连贯。

空的留白让信息的排版和阅读更加轻松，并利用页面统一的线性元素贯穿整体视觉，页面虽长但统一连贯。

# 三、多层级页面

层级的收纳既能满足内容的展示需要，又能保持界面简洁大气的需要。

Tera 的资料站，舒适的字间距，良好收纳和充分的视觉展示空间让新资料的推出充满诱惑。

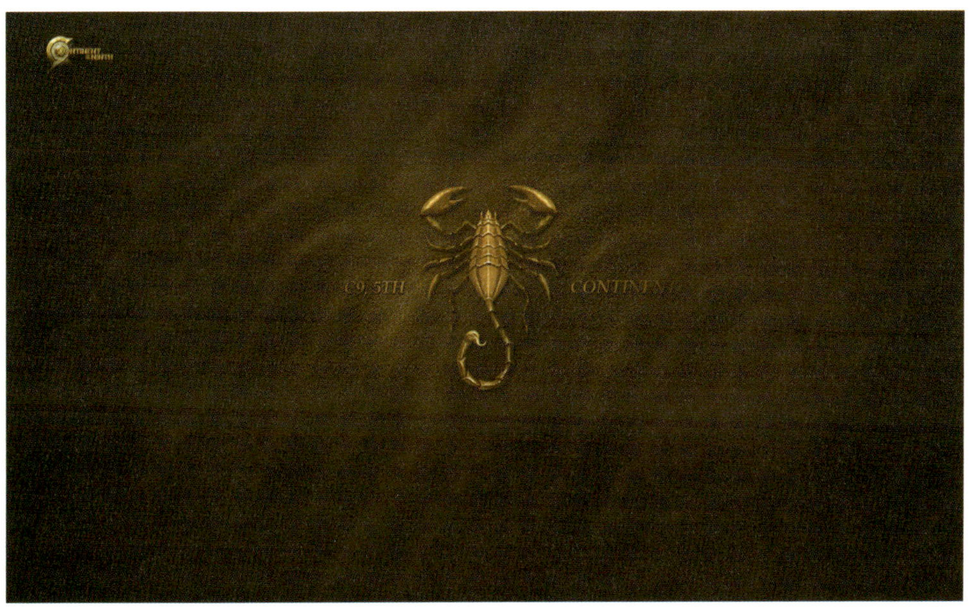
C9. 5TH
CONTINENT

CONTINENT OF THE NINTH
GENERATION OF HOPE
희망의 세대
C9 브랜드 사이트 입장하기

C9 的资料站，和 Tera 的布局排版及理念近似，都在收纳上有比较好的表现并给视觉以较大的展示空间。画面简洁、UI 扁平轻薄却不失游戏性。

## QQ 西游花祭页面

让我们也来试一试，解决满变空的三大问题，尝试一下如何将一个普通的多内容的需求改造成一个内容排版轻松不拥挤的、创意连贯不落俗套的气质型页面。

### 案例 QQ 西游花祭页面

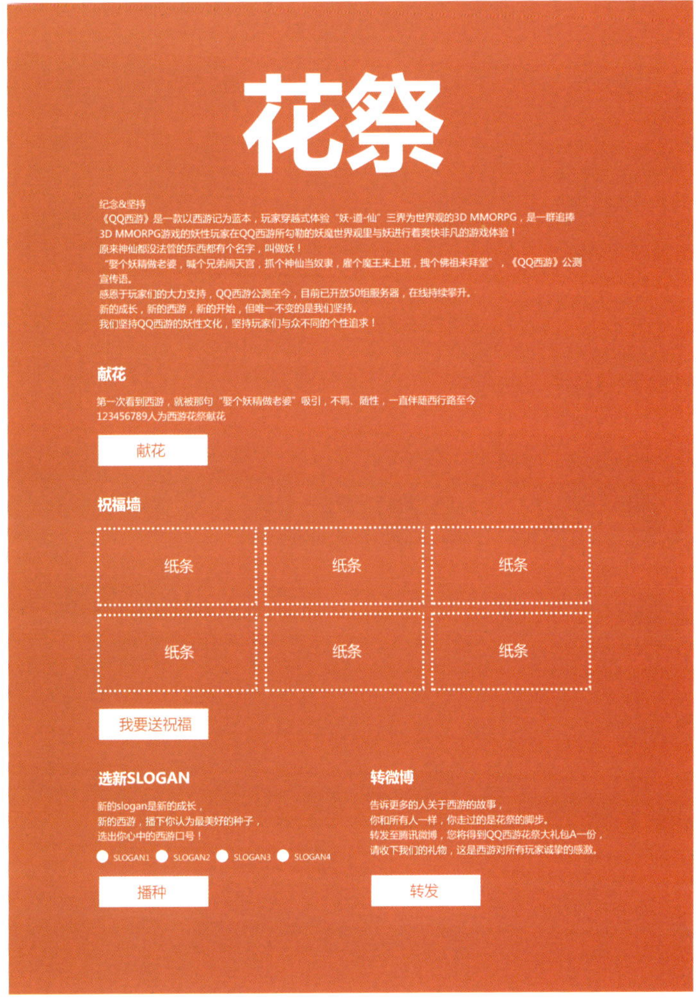

# 一、需求分析

我们来看看收到的需求

（1）信息量：这是一个体量适中的页面。

（2）主题：花祭，专题需求的大意是原来的游戏 SLOGAN 被勒令停用，希望玩家来祷念同时选出新的 SLOGAN，参与者将获得一份礼物。

（3）调性定位：从需求方得到的调性要求为哀伤，但虽然是祭奠，却不能恐怖或愤恨，并且要让人看到新的希望。这种调性区别于抽奖、庆祝等欢乐的活动。我们选择了凄美的调性，而空白、安静正好可以体现出这种哀伤的情怀。但内容繁多，我们应该如何处理"空"的表现。

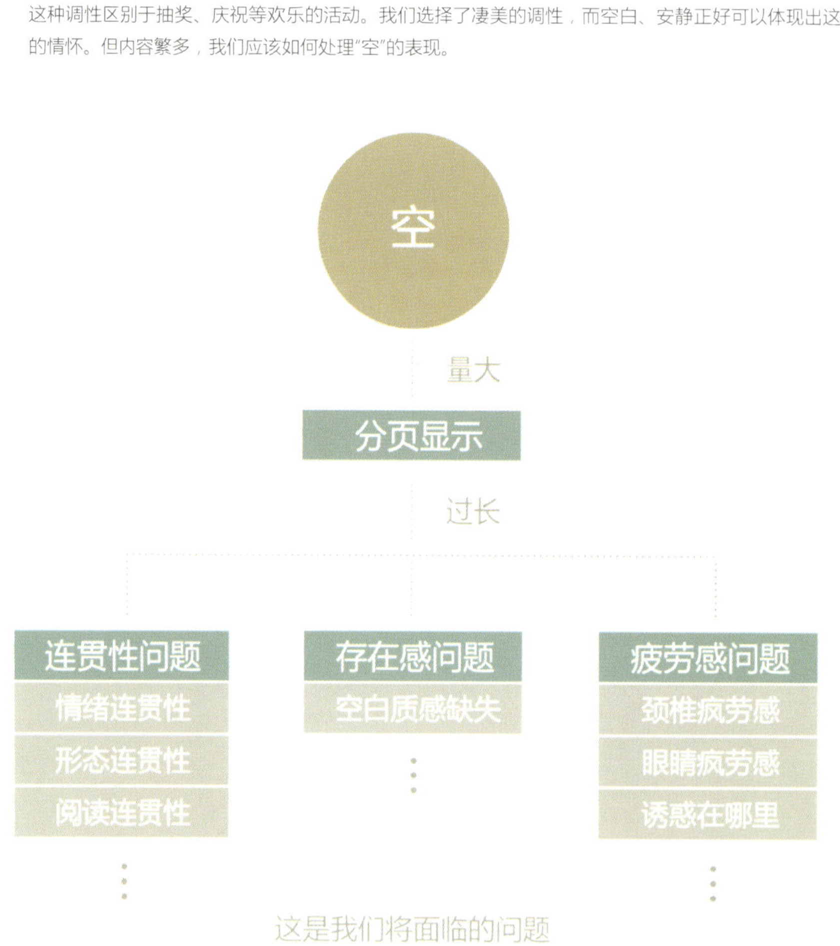

## 二、设计分解

### 1.空

（1）减小一屏显示内容，制造一个空灵安静的祭奠气氛。

（2）视觉反差也让用户关注到了这个页面，并且快速阅读到了"花祭"这个主题信息。

（3）余下的内容将继续保持空的凄美调性，并进行分页处理。

下面我们来看看由分页产生的问题该如何解决。

### 2.连贯性问题

（1）为了满足阅读的连贯性，与需求方商量，将原来的"献花"、"选新 SLOGAN"、"转发微博"、"祝福墙"的无连贯性标题改为带有情感主题色彩的、连贯的"花愿"、"花种"、"花瓣"、"花祭"，使花祭的情绪贯穿全文，并最终收尾回到"花祭"。

（2）用虚线隐喻花瓣飘落的曲线，通过曲线形态贯穿整体形，不出现断层。

（3）利用"1、2、3"暗示浏览者正文的内容存在。

（4）利用"箭头"进行阅读指引。

## 3.存在感问题

花瓣　　立体的纸质感　　装饰的花与彩带

（1）利用飘落的花瓣交待上下空间感的存在。

（2）利用立起的纸面交待前后空间感的存在。

（3）加入花和彩带等重点装饰使页面不至于过于飘浮。

## 4.疲劳感问题

（1）利用斜体增加趣味性减少因长时间白色而引起的疲劳感。

（2）在滚动三屏白色主调过后进行变色处理，让眼睛进行分类休息。增强对画面的记忆。

（3）底部制作二级主视觉，在长时间安静阅读中，起到一定的提神作用。

（4）另外可以在顶部放置彩蛋诱惑，让玩家到底部寻找答案或礼品等都可以增强阅读兴趣减少疲劳感，并保持连贯性。

## 三、页面展示

# 05

# 乾坤大挪移

时间短、没点子、没创意，又要快速捕捉眼球，怎么办？

对页面整体进行旋转和平移是快速改变视觉的快速有效方法．它打破了正常的网页视觉习惯，吸引了观众的注意力。

## 旋转和平移

打破正常的视觉习惯，不对称和斜线条的视觉也可以造成设计上的速度感的冲击力。这是一个相对通用的办法，在没有更好的点子和创意的情况下，不妨尝试使用。

时间短还要形式感

设计咆哮党

没创意了

文字这么多

主题太漂渺难把握

如果每天要面对着巨大的需求量，难免有创意枯竭的时候，如果有一些相对讨巧的办法，能够不受主题限制，当然是再好不过的，这时候，我们不防试试这个简单的小办法。

旋转和平移，这是针对整个页面的大版式而言的，到底会造成怎样一种效果，我们继续往下看。

图一：正常

图二：旋转

图三：平移

图一：一张优质稳定的摄影图片。

图二：旋转后的不稳定构图使图片显得活泼而有趣。

图三：重心右移，打破对称的构图增强了画面的紧张感。

这种最快速改变视觉结构的简单方式，可以快速地运用于网页中吗？

图一：正常

图二：旋转

图三：平移

图一：正常的页面版式，居中对齐，稳定整齐，稍显呆板。

图二：画面中心旋转 30 度。

图三：整体画幅向右平移。

看起来似乎可以这么干，但它也将给我们带来其他一些细节上的难题。

## 整体旋转、背景旋转、综合旋转

旋转：在原有页面的基础上通过对页面中的背景、文字、线条等进行一定角度的旋转，使其产生动感、时尚、亲切等不同的视觉感受。这里主要总结了旋转的三种方法，以及解决旋转过程中会遇到的一些问题 。

运动的

刺激的

时尚的

适合的主题

动感的

强烈的

速度感的

### 旋转适合的页面及其产生的效果

旋转打破了画面横平竖直的呆板，旋转后的视觉更加轻松活跃，旋转构成的斜线条也可以产生运动和速度感，所以许多运动的、刺激的、具有速度感的主题适合直接旋转处理，另外运动、速度衍生出年轻、时尚之类的主题也适用，轻微的旋转也可以使画面更贴近于自然的生活状态，增强真实性与亲切感。但在开始旋转设计改造之前，一定会有人产生这样的疑惑。

人物和文字背景交叉啦

只有中间能放得下内容
上下全被切了

内容会超出画幅啊!

旋转

重构的哥姐会咆哮哒！

难道要用户扭着脖子看么？

表格怎么对齐啊！

## 旋转可能会给我们带来的问题

（1）信息量的限制

由于旋转的构图，斜线与面边、面框最终会有一个交界点，可能导致信息不能无限制的延续。

（2）排版的限制

由于旋转的形式需要整体的配合，而有部分素材无法配合旋转就会比较费时间去归纳处理。

（3）浏览舒适性问题

由于角度倾斜打破了习惯性视觉，在提神的同时也会给浏览造成一定的困难和不舒适。

这些都是我们需要注意和解决的问题，带着这些问题，我们一起来看看旋转的一些潜规则：

图一：×

图二：×

图三：√

在斜排时注意几个要点，以免影响阅读。

（1）非内容必要原因，文字尽量保持一定的规律排布对齐。

（2）非内容必要原因，并列内容尽量使用同一变换角度。

（3）图三为正确的变换方式

在简单的图示下，这些错误看起来显而易见，但在实际的操作中，由于多种因素的干扰我们往往忽视这些问题。

在排版过程中无论如何我们都要尽量让页面依照某一规律对齐，在画幅已旋转的情况下更应该保持理性。

。

旋转基本可以分为以下几种类型

图一：整体旋转

图二：背景旋转

图三：综合旋转

（1）整体旋转：背景和内容一起旋转，需要注意两条边缘线，一是要保持旋转的边缘线整齐，另外也要注意旋转后的内容不能超出 1000 像素宽度。为了兼顾信息的可阅读性，背景和内容同时旋转的角度尽量不要超过 15 度。

（2）背景旋转：背景旋转，信息内容保持不变。这种旋转既可以产生旋转的视觉形式感，又可以保证文字信息的阅读性，是推荐和常用的方式。但信息排版同样也受到斜线的 1000 像素宽度的限制，在具体操作中需要进行细节的调整。

（3）综合旋转：根据内容结构进行有选择的部分旋转。通常选择内容文字较少的 SLOGAN 跟随背景一同旋转共同达到旋转的形式感。信息量较多的正文保持水平不变，以方便阅读。这种方式也经常被使用。

**P.S.**

黄底为 1000 像素宽度的内容面积、蓝底为背景面积、白色虚线为 1000 像素宽度标准线、SLOGAN（主视觉标题）、文字、圆泡泡（图片）组成简易的网页示意图、透明背景为增宽的信息面积（对于 1024 像素用户的最大网页宽度的定义，不同的公司有不同的标准，通常是在 1000 ~ 1004 像素范围，为了美观，设计上通常可多保留一些外边距）。

## 歪脑袋让世界与众不同

下面我们来分别欣赏几组旋转的页面设计，小角度的旋转可以为页面带来自然轻松的心理感受，旋转的斜线与边界形成的三角可以让页面看起来更加时尚，旋转也可以增强画面的锐利感和速度感，适合运动类和速度类的产品。

## 一、整体旋转

这是"一句话小说"征文比赛的活动页面，作者用手写的方式来表达，通过小小的旋转让手写的轻松状态表现出来，增强了页面的亲和力。整体旋转可以减小旋转的角度，以保证信息的阅读性。

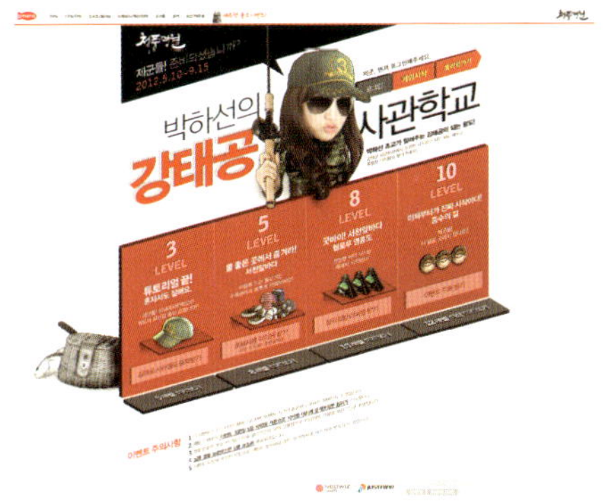


文字的旋转形成了有趣的立体空间。微量的旋转保证了信息的阅读，不过灰色按钮部分的文字阅读性稍弱，当然这也是旋转的一个弊端，不过整体表现还是十分精彩。

这是一个格斗游戏网页，人物的动感和透视感都十分强劲，配以轻量旋转风格的页面，放大了战斗中的速度感、刺激感和不稳定感。整体视觉动感酷炫，战斗感十足这种旋转比较适合于运动的、速度感的、刺激的、时尚的主题类型。

这个案例的文字纵向垂直对齐，横向旋转，信息的阅读性良好。背景旋转形成的斜线让画面充满了运动感和速度感，与篮球的运动主题十分贴合。

与上个案例相呼应，这张页面的文字是横向水平对齐，纵向旋转，以斜线方式对齐的。我们看到背景的旋转也是与文字保持一致的。赛车的速度感与旋转的形式感搭配，让主题和形式相辅相成。

## 二、背景旋转

我们可以看到这个页面的文字信息基本保持着水平的状态。黑色与白色的背景的斜切面构成了整体的形式感。黑白的对比和贯穿页面头尾斜线条都让页面的视觉产生了强烈的视觉冲击力。不过在大刀阔斧的形式感设计背后，文字的排版还需要小心斟酌处理。这个页面统一采用了右对齐的方式。左侧文字的排版也恰好与斜线相契合。这需要我们在制作过程中对内容进行一定的编排和修整，以使其整体看起来更加舒适。

左侧两个页面的形式是比较相近的。同样使用了两个强对比色的背景配以斜线组合。只是上一个是横向的斜线，下一个是竖向的斜线。视觉响亮，简单的调整也能使页面充满形式感。

## 三、综合旋转

这两个页面排版形式相近，都选择了头部 SLOGAN 旋转的形式，并把 SLOGAN 和正文明确分割开以避免角度的不同造成的阅读干扰，信息量较大的正文置于下面保持水平，让页面形式感和阅读性并存。

这个页面的综合旋转方式十分讨巧，它放大了 SLOGAN 中的 Q 字，将正文内容置于其中，整体形式感十分强烈，并且阅读性很好。达到了形式感和舒适性的双丰收。

轻微旋转元素的加入也能使画面生动起来，这个正统的官网页面，两道红色斜线条的加入打破了呆板的页面形式。大按钮和 SLOGAN 的旋转配合，使整体视觉更加统一。

## QQ 西游鹊桥难

下面我们选择QQ西游七夕鹊桥难的专题来进行尝试，旋转不仅适用于一些速度感或运动类的主题，它也能让日常的专题通过旋转产生新的创意和联想，开拓了思路，下面我们一起来看一看。

### 案例 1 QQ 西游鹊桥难

娶个妖精做老婆！

登录就送888元约会礼包

QQ西游81难之鹊桥难

下载QQ西游戏

QQ号码直接登录，无需注册
立刻登录点亮独一无二桃子图标

坐骑
骑匹神马来幽会

时装
穿上霓裳不裸婚

宠物
带只妖精去私奔

全新内容

五大职业 极限副本 帮派介绍 新手指南

合作媒体

玩家有话说

# 一、需求分析

这是《QQ 西游》新版本发布的广告落地专题，新版本的名字叫"鹊桥难"，而这个版本也将结合七夕这样一个时间点正式发布。"鹊桥相会"也成为了画面的主要视觉。

## 传统思路

说起鹊桥相会或者七夕，我们的第一直观画面大致是以下两种类型：剪影的男女相会，脚下踩着一座桥，亦或是穿着情侣套装的男女相拥，身后云彩朵朵……对于一些没有情侣套装的游戏人物，有时只能将两只目露胸光的，喔打错字，是凶光，目露凶光饱含杀气的男女主角硬是凑成了佳人一对。不过素材的限制有时也是比较无奈的，暂时抛开素材的问题，想想我们如何在这种传统表现手法的基础上让自己的网页稍显特别呢？

## 旋转的灵光乍现

经验并非都是好事，经验带给我们习惯性的思维，它可能会让我们更快地做出判断，但过去正确的判断在今天并不一定就是适当的、正确的。当我们见惯了某种传统的版式，在设计的时候多少有点失去激情和创新的动力，在依靠经验设计的长期设计者看来，面对传统版式，接下去的动作无非就是在头部加入男女相拥的主视觉然后继续添加完应该有的信息内容，凭借经验就此草草了事交差。倘若我们变换一下版式，给自己制造一些难度和挑战，或者新的想法也便应运而生。这块黄色的面版，在原来的视觉中可能是一个传统的内容区域，但当它旋转之后，也许便跳出了原有的概念，新的设计思路则可能由此开启。

传统版式

旋转版式

## 二、设计分解

### 旋转版式 STEP 1

当我们抛弃了传统的版式，那个黄色的面版也许不再是一个只用来承载信息的容器，当我们一手掌握着主题，一手敞开着想像时，它或许渐渐就变成了鹊桥难中的那座桥，而俯视角的视觉也非同于传统的页面。新的创意就在自我制造困难的路上诞生了。

### 主视觉设定 STEP 2

根据大的创意方向，我们进行主视觉设计，这是一个俯视的视角，我们根据视角的定义进行人物的角度和动作的设计（由于游戏版本内容的设定，无奈中只能选择了游戏中的悟空与玉兔精来扮演这对无厘头的情侣角色）。并在桥的两侧增加羽毛的造型，代表"鹊"桥这一独特的定义。

### 信息排布 STEP 3

将信息进行模块分布，并尽量错开与主视觉相冲突的部分，比如两个人物与内容版面相交的部分。为了给内容腾出足够的空间，我们也需要适当调整主视觉人物的位置，在调整主视觉人物位置的同时尽量保证人物的四分之三以及内容信息在1000像素的最小范围之内。

## 三、页面展示

速度、随性、自由，是旋转页面带给我们的视觉感受。

而当我们旋转页面的同时，新的创意也可能随之产生。它让我们知道，方块的版面不仅仅是个信息的容器，只要稍稍发挥想像，它也会成为视觉和创意的主体。

不妨一试。

## 上下格局、左右格局、混合格局

平移是在网页规定的 1000 像素宽度内，将原有网页信息内容往左侧或右侧平行移动，使页面产生不稳定的状态，然后在这种与常见方式不同的不平衡的布局中寻找到更新鲜的创意和表现方式。下面我们列举一些平衡的方式和注意事项。

在平衡过程中我们也需注意以下几点。

（1）图一：在 1024X768 像素的用户显示器下是看不到平衡的效果的。

（2）图二：创意不同当然选择也不同，图二的平移法形成三段画幅，块面较小，冲击力也相对不足。当然规矩是活的，设计中也可以依创意选择。

（3）图三：建议使用的平衡方式。不论哪种显示器用户都可以看到平移的效果，画面整体，冲击力强。

图一：×

图二：×√

图三：√

（1）图一：上下格局，SLOGEN 和主视觉都在首屏。

（2）图二：左右格局，SLOGEN 和主视觉在左侧，使用这种方式的时候尽量让 SLOGAN 的重点部分保证在首屏高度以内。

（3）图三：混合格局，内容和 SLOGEN、主视觉各占一席风水宝地。

图一：上下格局

图二：左右格局

图三：混合格局

## 霸气侧漏同样精彩

非常规主视觉位置的设定，也给了创意新的表现空间，结合布局的优势新的网页视觉形式感应运而生，霸气侧漏也能有同样的精彩。

### 一、上下格局

这是平移创意中比较精巧的一个页面，它利用了平移后的视觉关系创造出新的空间感受。以石块为主要质感的景主要承载信息内容，以场景为主的背景主要配合人物表现。这种方式在普通的上下版块关系的页面中比较常见，但是应用在左右格局的平移页面中，就显得比较出彩。人物与场景与石面版的前后关系也处理得不错（除了石块的投影减弱了空间外），算是一个比较惊艳的创意表现。

平移的方式改变了我们日常的视觉习惯，也给创意带来了新的空间和挑战。

### 二、左右格局

这是一个万圣节派对邀请页面，不对称的格局让页面有更强的层次感和形式感。左侧高于右侧的主视觉，也增强了些许万圣节的神秘感。如果利用这种层次关系设计出躲藏之类的概念可能会更贴近主题。

这个页面将 LOGO 和 SLOGAN 放到左侧，并保证了主 SLOGAN 信息和 LOGO 以及人物的头部在首屏以内。平移产生的前后空间设计，使画面动静结合。前景是安静的信息，而蕴藏其后的是战国的烽火连天。

## 三、混合格局

应用不对称格局进行按钮和内容的互动，形式和功能一体化。

除去背景，它无非就是一个排版清晰的页面，但平移后交互层级更加清晰。

## QQ 西游装机专题

下面我们尝试将一个普通的页面进行平移，看看能够产生怎样的效果，注意平移背景前后色调的选择，并在平移之后进行细化，让其更加贴合主题、生动有趣。

### 案例 2 QQ 西游装机专题

# 火爆装机持续给力

下载QQ西游戏　转播到腾讯微博

想让您的网吧即刻拥有西游特权吗吗？想迅速提升网吧人气吗？想获得超值QB奖励吗？
那就快快来参与西游装机活动吧。

亲爱的QQ网吧：
为了让所有QQ网吧都能享有腾讯游戏特权，我们也将在各游戏推出后，及时对各QQ网吧进行告知，本次，我们将继续诚挚的邀请您参与本次QQ西游装机活动！
活动参与时间：4月29日-5月6日

我要报名　下载游戏

**活动规则**

1. 从2011年4月29日开始，凡正式开通的QQ网吧，均可报名参与本次活动。
2. 凡新注册和申请IP变更的QQ网吧，需等申请正式通过后的次日才能报名参加本次活动。

**网吧特权**

网吧用户在QQ西游中可享受4大专属特权
专属称号　超级礼包　专属任务　经验加成

**活动奖励**

1 点击报名，系统将根据您目前在线的QQ号进行登录识别。登录后即可报名。 活动奖励发放账户为报名时该网吧填写的QQ号。

2 只要在活动期间下载安装了QQ西游游戏客户端，并有用户登陆，活动结束后，即可获得由西游送出：QB奖励、网管试玩大礼包、5000QQ网吧积分奖励
快快让所有人都来羡慕，嫉妒，恨吧！

3.奖励将在活动结束后5个工作日内发放，
您可以分别登录我的物品>>　我的积分>>　我的账户>>

这是ＱＱ西游的网吧装机专题，收到需求后，我们通过简单的排版完成了页面。画面除了简洁也没有其他的特点，气氛不足也无任何的亮点，时间紧迫、创意枯竭，我们要如何拯救。

为了寻找一些不一样的视觉效果，我们用了通用性的平移方式，下面我们来看看，它是否能够为我们带来一些不同的表现并留意在这个过程中间的方法和注意事项。

## 平移背景 STEP 1

将背景平移，设定前景和背景的颜色，因为页面的交互需求的主 SLOGAN 是"火爆装机"，可以选择对比色来增强视觉冲击力，让专题的整体调性更加鲜亮一些。在平移时可以选择移至 800 像素宽度的边缘，这样 1024 像素的用户也可以看到平移效果。

## 实物化设定 STEP 2

通过颜色的设定，我们可以将其场景化，让画面更加生动，这里我们选择了桌面的木板质感做为黄色的实物设定，紫色的内容界面则通过卷角设定为一张纸质的海报。

## 细化 STEP 3

当实物化设定完成后，我们就可以对其进行细化，由于是装机主题，我们将键盘鼠标、游戏道具还有奖励一起放上桌面，让人感受到装机后可以直接体验游戏的感受。然后大体细化一下光影让它在视觉显得更加整体。这样就基本上完成了。

通过平移，我们为一个普通的页面添加了小小的精彩，平移的效果让整体画面更加跳跃透气。

# 06

# 杂志版式

经验是把双刃剑，它帮助我们更高效快捷地完成任务，但它也往往是束缚我们思维的枷锁。网页设计也是如此，由于早期硬件带宽等限制，网页设计开始有了自己的制作规范，但随着网络的发展，网页技术也在不断变化和提升，网页展示的方式也更加丰富了起来，仅仅是翻阅网页设计作品进行学习是远远不够的，那只会让我们在视觉的道路越走越窄，也许我们可以尝试的跳入其他设计体系，让不一样的环境刺激我们新的灵感。向杂志版式学习，是我们尝试迈出思维局限的第一步。

## 消除平面设计边界，向杂志版式学习

这是一个通过借鉴杂志版式设计来优化网页设计形式感的一种灵感刺激方法，由于杂志设计有着比较深厚的平面设计历史，而今天硬件和网络条件也有了一定的改善，网页设计环境日趋自由，增强网页设计的形式美感成为许多网页设计师的着力点，下面我们就来看看杂志的版式设计，也许能激发我们一点小小的灵感。

# 假如它们是网页

## 为什么可以向杂志学习

首先因为纸质媒体的平面设计和信息排版较网络媒体有着更悠久的历史，相对而言它们的经验沉淀更加专业；其次，随着网络硬件的提升，网页在视觉形式表现上的束缚也越来越少，这样的环境给网页设计师带来了更多元化的设计学习空间，而杂志排版无疑是其中一位良师；第三，杂志版式中简约轻薄的形式感正好契合了现在配合多终端的网页自适应设计。

所以向杂志排版学习，是网页探寻新形式的一个开始。

## 质感超轻薄、版式强节奏、图片大视觉

如果要系统地向杂志排版学习可能一篇小文章是很难道尽的，如果从形式感上进行研究，杂志设计中的轻质感的色彩结构搭配、强节奏的版式、整设计的信息图形化以及超大视觉的开阔的高质量图片都是一些简单但快速有效的学习点。当然这一切都事出有因，它们不仅仅是一种形式。

### 质感轻薄

在聊起"轻薄"这个话题前，我们先简单了解一下网页 UI 的发展，并说说为什么今天的网页可以轻薄并且成为一种趋势。在网络刚进入人们的生活时，大家并不太理解这种新的传媒和交互形式，所以设计师们必需通过拟物的 UI 指导人们进行操作，而今天网络和网页交互的使用已经普及，用户已经基本了解了大部分的交互形式，这时候设计师可以不必大费周章的去做拟物的 UI 或水晶效果，并把重心转向信息梳理上来，轻薄的 UI 就在这时应运而生了，另外轻薄的 UI 可以更好地把握色彩和结构，让视觉更加轻盈、明快、响亮。

### 版式强节奏

杂志中强烈的版式节奏除了大小块面组成的平面结构外，另外一个节奏感则表现在文字的排版上。粗磅与细磅、大字号与小字号的视觉对比配以明暗的色彩表现，阅读层次分明、视觉节奏感也较强。这也是受用户十几年的网络使用经验影响的，伴随着互联网的信息增加，平铺所有内容不再是一种适合的行为，如何更好地收纳并引导用户行为，在有限的空间里明确重点，强节奏的排版会带用户一步一步更舒适地阅读信息。

### 图片大视觉

漂亮的视觉图片成为翻阅杂志的一大乐趣，高质量的、高精度的图片在传递信息的同时，也给我们带来了视觉上的享受。超大的图片容易快速抓住人们的眼球，形成强大的视觉冲击力。当然这个时候图片的质量也起到至关重要的作用。网页上能够使用高精度的大图，这一点应该归功于带宽的发展，虽然中国在这方面的发展不及一些发达国家，但图片大视觉做为未来的一种趋势是毋庸置疑的。

# 一、质感轻薄

杂志版式主要通过色块和点、线、面的配合形成形式美感。

在一些时尚或视觉类的杂志中，圆形、三角、斜线、一个像素细线、虚线、箭头等都是经常出现的元素。而这些元素与色彩的配合，特别是撞色系色彩的配合则十分容易快速呈现强烈的视觉效果。轻质感减少了许多具体质感和细节的繁琐束缚，让设计师更容易对画面进行控制也加快了设计的时间。

CARE-DROIDS IN THE PRESS
SELEMCA addresses a hot topic and consequently has managed to generate a lot of press attention. Few people remain unaware of our aging society and the changes required in healthcare, and many are also interested to hear how caredroids learn to deal with difficult concepts such as emotions and ethics.
Robots in de Zorg
Wondere wereld – integratie van emotionele intelligentie in zorgrobots
Robots kunnen positieve bijdrage leveren aan de zorg
Caredroid over twee jaar beschikbaar voor ouderen

ROMANO RICCI

Great. So we now get what Product Service Systems are: Barclays bikes, the Nespresso experience, Car sharing, Jawbone bracelets and Nikes. We don't have to argue the value of these systems. But what's next? How to proceed? What does the world need? Researchers unite!
A DEEP PLUNGE INTO
COLLABORATION

PRÍCHOD 32-BITOVÝCH WINDOWS A SYSTÉMU CONTROL WEB
SÚČASNOSŤ NEOBMEDZENÝ PRIESTOR PRE VAŠE APLIKÁCIE
CONTROL WEB NEOBMEDZENÝ PRIESTOR PRE VAŠE APLIKÁCIE

THINKING BEYOND THE BOX

THE POWER OF BEING IN-BETWEEN EVERYTHING
A designer friend works at the British National Health Service as a coach of innovation teams. She told me once that she often gets asked the question: "Don't designers make chairs anymore?" Well... many don't actually, and for a good reason.
DON'T YOU DESIGN CHAIRS ANYMORE?
With Product Service Systems, prototypes can also be used to design touch points

## 二、版式强节奏

版式的强节奏设计，是在一个画面中强调和突出重点信息，并有明确的引导指示。它不同于过去平铺式展示信息的交互方式，它强调信息层级和视觉流程，较之杂志版式设计而言，虽然网页设计有自己特殊的交互性，可以更有逻辑地收纳信息，但由于设计习惯受到早年带宽、栅格化、延展性等问题的限制，在形式感的表现上略显拘束。在一些杂志（特别是设计和时尚类的杂志），大胆的版式布局是值得我们借鉴的。倘若网页设计能从杂志版式设计中得到学习，并结合自己的交互的特殊优势相信会有比较不错的表现。

从视觉上讲，如何去强化信息以达到突出和明确视觉指引的目的呢？我们用三个关键词来概括它，“大小”、“多少”、“粗细”。下面我们分别来看一看。

首先是大和小的节奏配合。夸张的大字和小字的配合使用是杂志化版式节奏的一大特点，它使阅读和视觉的定位更加明确，适用于我们这样快速阅读的信息时代。

其次是多和少的节奏配合。大量的留白在设计杂志中也是常见的，留白增强了信息的层次感，也让阅读得到休憩。

第三是粗和细的配合。粗细的配合一个是体现在高磅数和低磅数字体的配合上，还有体现在留白处的细微设计中。

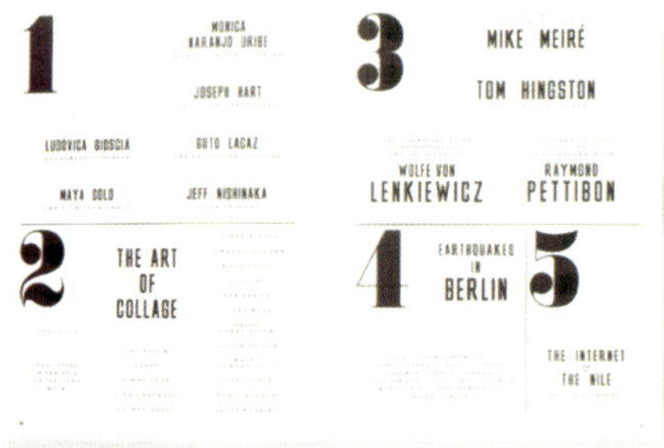

# 三、图片大视觉

在这个读图时代，长篇的文字让人厌倦，图片是直接有效地触动我们麻木神经的好办法。

超大的图片是杂志设计中常见的表现方式，由于带宽的限制，过去的大部分页面设计都选反单色、渐变、平铺等方式做为页面的背景，随着硬件的发展和技术的优化，未来我们也更有条件使用更大面积的图片，进行更大面积的形式设计。

图片大视觉分为三个类型，一是作为背景使用的，覆盖整个版面的背景大图，它多由高质量的摄影、插画或一些艺术平面作品组成，图片的质量决定了版式的质量；第二种是信息的图形化，它将信息进行整体的图形化设计，让文字信息形成连贯而整体的图片视觉；第三种是文字配图，它通常与文字并行展示出多样的形式表现。

## 1.背景大图

## 2.信息图形化大图

由文字和人物组成的插画式的图形化信息呈现，让阅读犹如电影般播放，视觉表现十分整体。

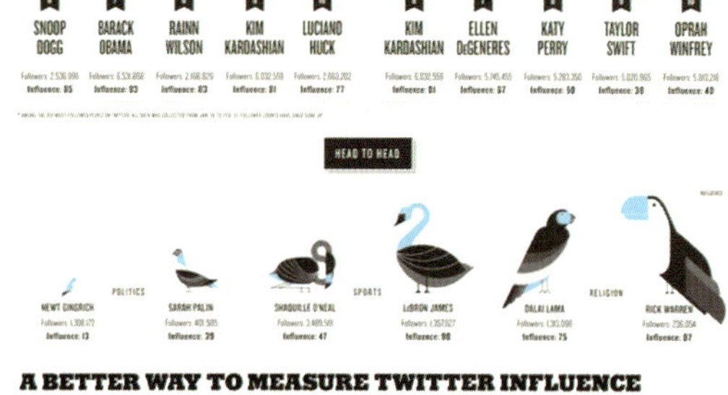


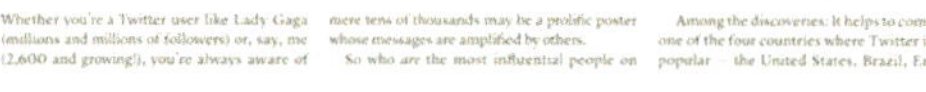


不同的鸟类形态通过等比线让对比感变更直观。

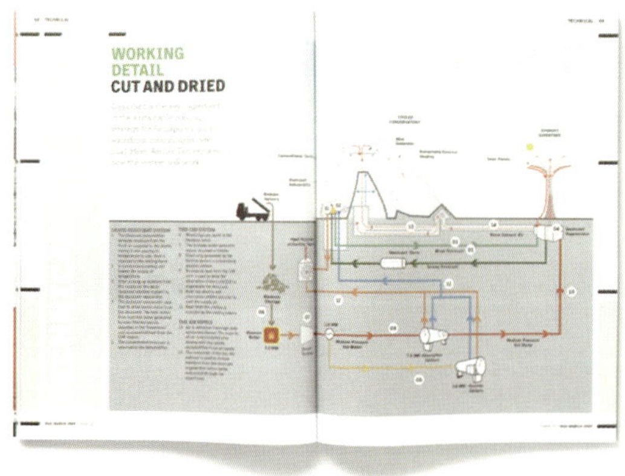

## 3.文字配图

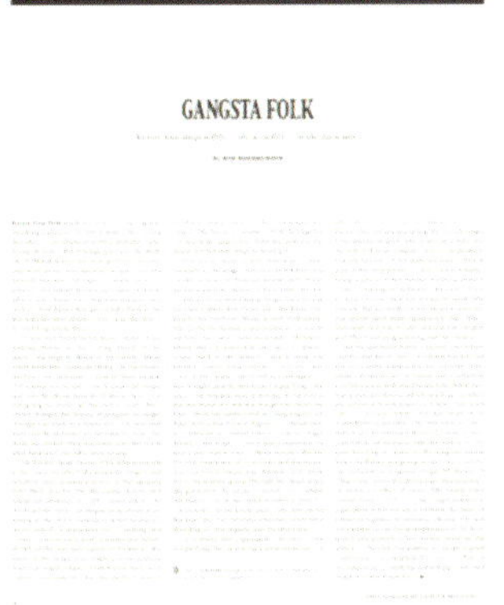
GANGSTA FOLK

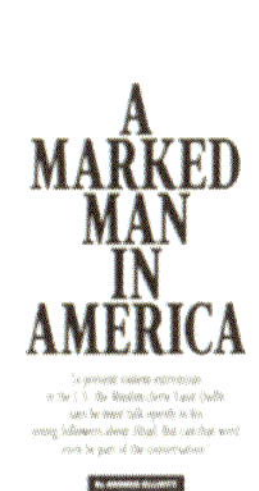
A MARKED MAN IN AMERICA

BURLESQUE PERFORMER, NEW YORK CITY, 2010

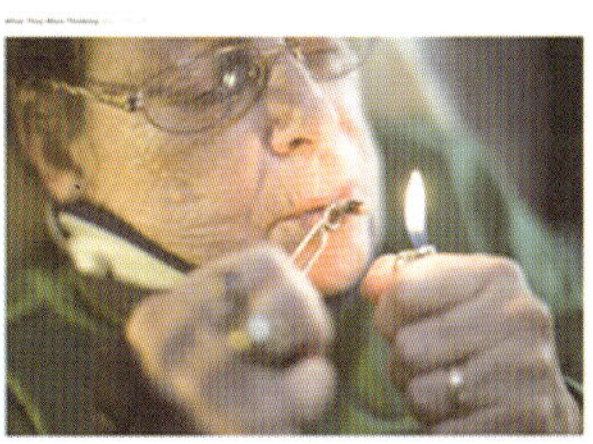

SELF-MEDICATOR, ROHNERT PARK, CALIF.

大图片、大标题、小文字这三种元素组成了许多精彩的、具有强烈节奏的视觉表现，当然其中文字配图的图片质量占有关键地位。

## 简约却有力的强视觉

这是一个多元化的时代，许多领域之间的界限也越来越模糊，硬件技术和程序开发的发展为设计开辟了更广阔的道路，这时设计的同源同宗则表现得更加明显，也让我们看到了许多如同杂志化排版的时尚简约的网页设计，它们可能并不完全从网页设计中解放，但里面的几个处理绝妙的小点给我们展示了未来的趋势，根据其各自的小特点，将其归纳如下。

## 一、质感轻薄

◀ 这是一个全屏画幅页面。简洁的方形版块充满了现代感。大块面的轮播图片与反白背景的方形关闭、前、后按钮形成了强节奏，下面小字的栏目配上大视觉的简洁块面让整体视觉充满了强烈的现代感。

▲ 版块中并无太多的质感表现，色彩和板块结构的配合表现决定了画面的大视觉，三角块面与对比色的配合应用让画面锐利、活跃、响亮，充满了现代的时尚气息。文字、小三角、一个像素的细线及微折纸的质感表现决定了细节。轻质感无需考虑太多实体逻辑的束缚，可以充分发挥色彩和结构的优势，这种方式使我们可以在更短时间内实现细节和大视觉兼备的、具有视觉冲击力的网页效果。

轻薄的蓝条斜面与白色背景相间，颜色清新分明，斜线的结构充满了时尚的动感，文字节奏感良好，动态交互的可操控性强。

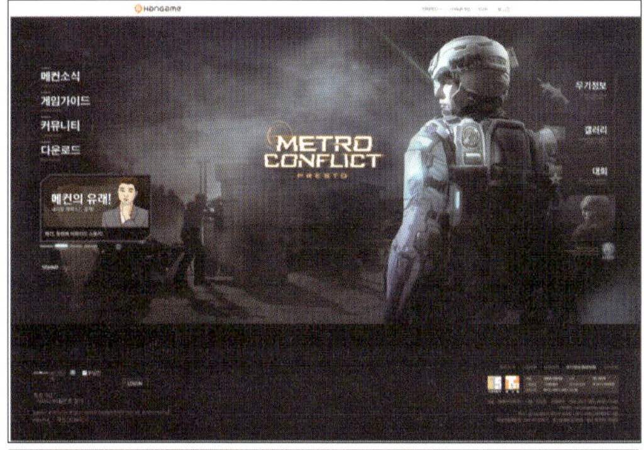

这是一个游戏资料页，轻薄的质感在科技化的战争主题中如鱼得水，应用得恰到好处，虽然 UI 质感轻薄，但游戏性却极强。烘托大气氛的背景和精致前景的 3D 人物给我们带来了高质量的视觉享受。整体游戏气氛浓郁，设计手法也不落俗套。

# 二、版式强节奏

超大字号主标题是杂志版式化的一个特征，配以小字说明，就可以形成强节奏的形式感。

大图与小字的配合也是杂志化版式的常用手段，也是强节奏形式的好办法。

Bleed is a multidisciplinary design consultancy based in Oslo and Vienna.

除了鲜明的大字表现外，纯文字和手写体的配合，大气中带亲和。右下角的一块小面积小字，定位了画幅的最小精度，使整体大视觉不致于显得简陋。

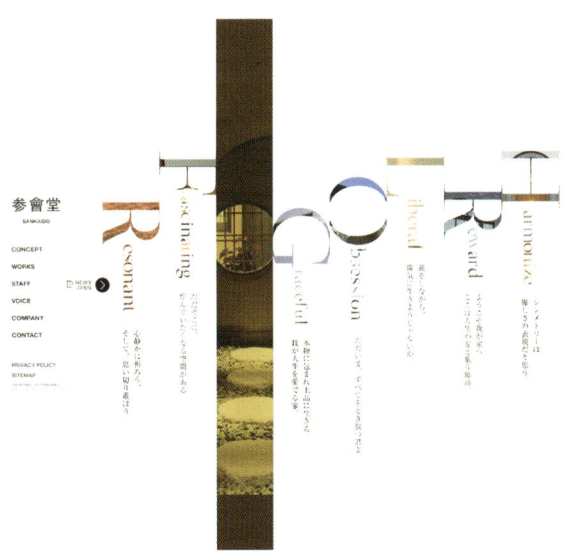


这是一个竖条的导航，形式大胆，点击当前按钮有具体的图片显示，深色的图片内容一方面可以对菜单进行图解，另一方面在白色背景上深色彩图形成了色彩上明与暗的节奏感，关键字母的大与小字说明也形成了大与小的节奏感。

# 三、图片大视觉

作为以图片为主的大视觉，图片本身的质量也是相当关键的，它承担着整个大效果。

## 1.背景大图

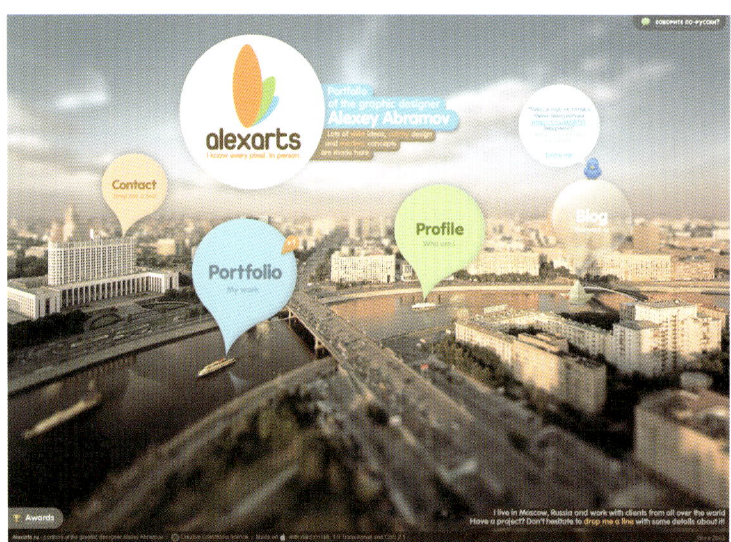


移轴的照片是近两年比较流行的高空俯拍的形式，它让城市看起来如玩具一般轻松有趣，图片视觉上占有一定优势并配以Q版的气泡按钮，风格整体，视觉统一开阔。

看到高空单杆泰然自若的一排人，不禁为之捏一把汗。单就图片来说，符合大背景的惊艳标准。

艺术化的彩绘人物让整体视觉独特响亮，眼神与按钮的配合增强了交互的趣味性。

高质量黑白图片配上玫红色方向导航按钮，展开的双臂配合交互指示着下一级的方向，简约、大气、闷骚。

## 2.信息图形化大图

信息图形化大图是将信息进行整体的图形化表现，使信息易读的同时，视觉上也有尤如插画一般的表现。

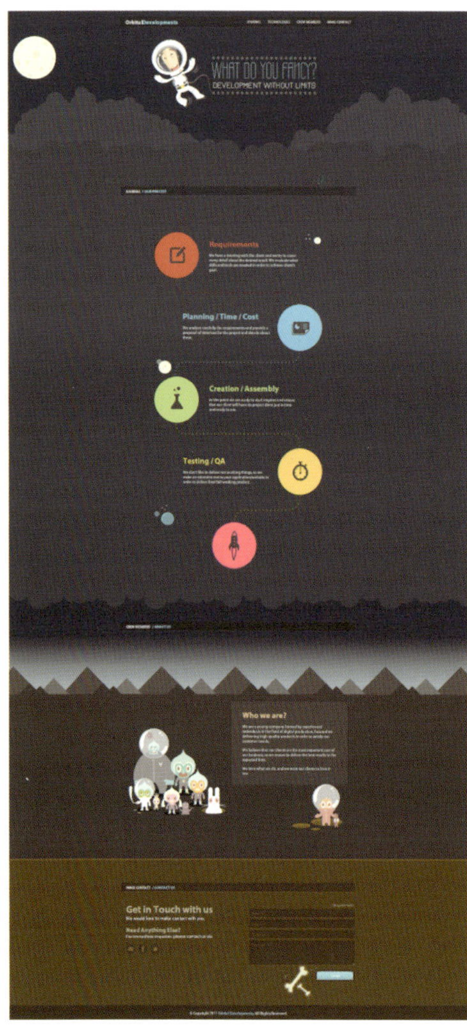


▲ 这是一张简单的信息图形化页面，主要以图标来概括每个小版块的信息内容，配色明快鲜亮。

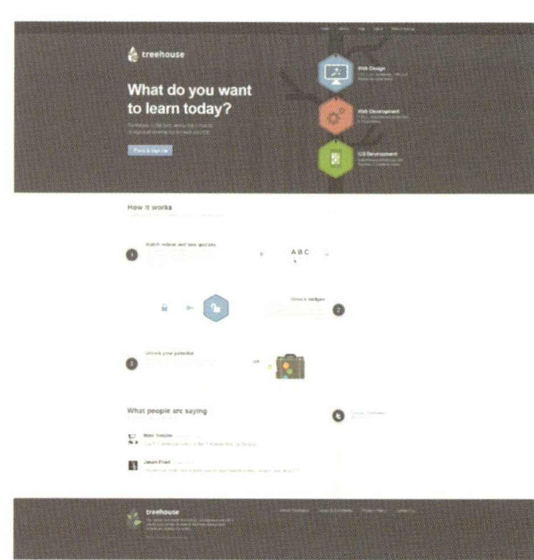


▲ 用树和根的简洁形态做为比喻，根部单线曲折循环往下，很好地图形化了流程的概念，图标和色彩表现也比较精彩。

▲ 这个页面的图形化利用了网页的交互性，将每个实时的一句话版块设置成彩色的圆框，利用点击交互浏览更多信息。

## 3.文字配图

文字与大面积图片之间的排版变化形成读图为主、文字说明为辅的、用图片带动文字阅读的信息传递模式。这种模式在信息爆发的时代更为大众读者所接受。

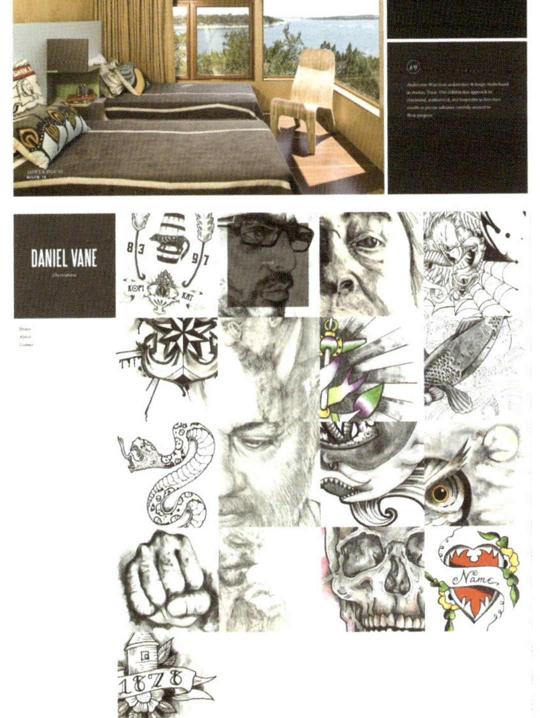

## 剑灵灵值中心欢迎页

下面我们将一个多文字的信息页面尝试将其杂志化版式设计，在入手之前，我们需要对整体需求进行全面了解。杂志化版式需要我们在形式感和图形化上进行比较全面的设计，所以咀嚼需求里的信息内容有助于我们更好地整体把握和改造页面。有一句话说得好，如果你拍得不够好，是因为你靠得不够近。下面我们就来看看。

### 案例 剑灵灵值中心欢迎页

# 灵值中心欢迎页

灵值系统的页面，需用QQ号登录，所有的查询，兑换，领奖，收货地址配置等操作都在这个页面进行。

## 什么是灵值？

灵值也就是通俗来讲的积分系统，是我们为所有热爱剑灵的玩家准备的一份回馈和惊喜。灵值与QQ号绑定，可以通过各类活动和官方互动免费获得，并用于兑换测试资格，周边等等奖品。可以说，灵值的多少就证明了你对剑灵的爱有多少，当然我们也会给予你同等的福利。

## 灵值有什么用？

兑换测试激活码：灵值系统上线后将成为官方非常重要的发号渠道之一，玩家通过灵值商城来进行兑换。
兑换周边:消耗灵值，还可以兑换剑灵周边，无需支付任何费用(包括邮费)。
未来: 灵值甚至还有可能被用于兑换游戏内的道具等等

## 如何获得灵值？

参加剑灵各项官方活动，根据活动的规则和奖励获得相应灵值。参加微博，微信以及官方论坛的互动。参与合作活动，灵值将携手腾讯各大平台，赠送更多精彩。参与各类问卷调查和调研.未来，我们还会不断拓展灵值的获取途径，请大家关注官网公告与活动信息。

## 如何查询灵值？

在灵值系统【你的灵值】
页面可以查询当前灵值和灵值增减历史

# 一、需求分析

这是一个灵值系统的欢迎页，需求方希望用户能够通过四个要点的介绍进一步了解灵值，并希望在信息阅读上更加轻松，视觉表现更加友好。由于这是上线前临时增加的一个需求，整个制作时间只有两个小时，而内容以文字为主，于是当下我们选择了类似杂志排版的视觉表现把以上内容分为五个部分。

首页，它负责整体介绍并设有功能的快捷入口，以帮助部分希望快速进入的用户可以直接到达系统。其他内容根据标题分为四个页面，为了更好地进行杂志版式化设计，我们要提炼重点、梳理关系。通过强化文字的节奏形成设计形式感。

具体操作如下。

# 二、设计分解

（1）将内容中提及的常用操作功能提炼成交互按钮 ，让用户在阅读信息的同时可以操作。另外帮助需要快速进入页面的用户以便捷通道。设置的五张页面内容轮播的导航 ，让用户对后面的信息量有一个预知。

（2）参考杂志版式，拉开文字节奏。由于素材提供时只给了三张配图，所以我们将第一部分的内容"什么是灵值"设置为欢迎页，放大"欢迎"二字，一方面在短时间内弥补了素材的不足，另一方面也增强了页面在形式上的友好性，并使用英文进行一定的装饰和说明。拉大标题与正文字号差距，进一步增加整体视觉节奏感。

（3）其他三个页面都使用了相近的做法，主标题的放大以及英文的使用都增加了视觉排版的节奏感，序号处的红色块的应用与小字的配合也使文字排版上有轻重分明的节奏表现。

HOW TO
CHECK
INTEGRAL
如何查询灵值？
USEFUL
OF INTEGRAL
灵值有什么用？
进入灵值系统

# 07

# 全屏大视野

时代在变规则也在变，网页设计师刚入行的时候都会被告知信息内容需要摆放在 800 或 1000 像素的宽度以内，但是今天不论在网络速度还是硬件、显示屏都有了不同程度的更新。面对伴随而来的多终端显示，如何让我们的网页有一个良好的第一视觉？如何让各类的用户特别是宽屏用户在自己的显示器上看到完整的视觉盛宴，而非仅停留于 1000 像素宽度的切糕网页？我们需要全屏大视野。那么，全屏画幅和自适应的信息设计成为了关键。

## 不做 1000 像素小切糕，还给宽屏大视野

本章介绍的方法是通过全屏连贯的大视觉来增强网页的整体性和视觉震撼力。因此我们要解决两个问题：一个是因全背景而产生的信息干扰的问题，另一个是面对不同显示器如何进行全画幅自适应响应问题。让用户在不同的使用环境中都能有视觉和信息的双丰收。

全屏不切糕

大家应该都会有这样的经历，在我们入行时首先会被告知的潜规则就是，页面内容一定要设计在 1000（1000 ~ 1004）像素的宽度以内，这个规则并没有错误，特别是在过去的几年中。不过随着硬件和网络的发展，网页显示的终端也在发生着快速的变化，从宽屏到超宽屏，从手机到 iPAD。如果网页设计固守着 1000 像素宽度的话，也就相当于放弃其他终端用户的视觉美感。

所以多终端响应式全屏设计成为必然的趋势，当然或许这对您并不陌生。

如果我们翻阅 2008 年之前的页面就会发现过去那些年网页设计的特点。从缩略图中就可以发现，当年的页面通常将内容设置在 800 或 1000 像素宽度以内，背景则选择纯底或渐变或纹理平铺。而今天如果用大屏显示器来浏览这类页面，就会发现，它们如同一块中央切糕。当然我们是可以完整浏览页面的全部内容，但 1000 像素的设计在宽屏用户看来却略显局促。

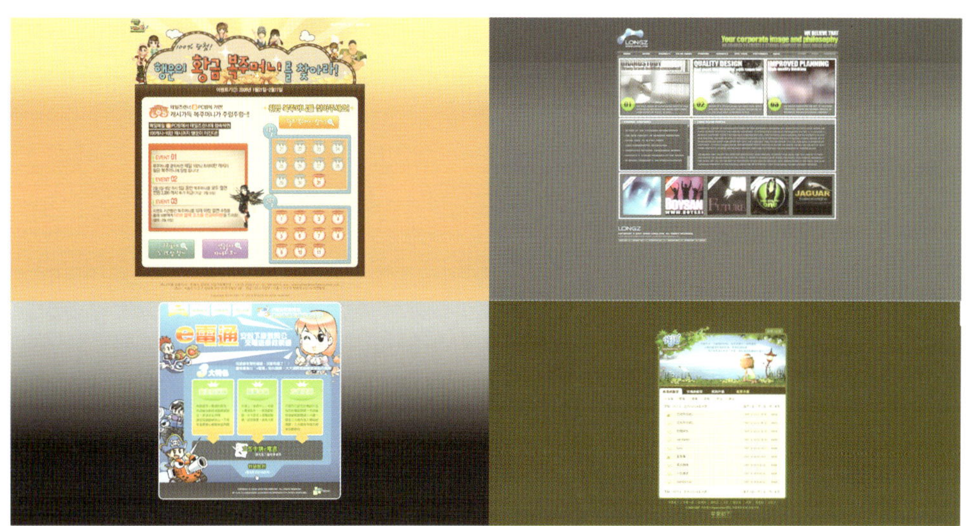


那些年我们做过的切糕

当然近两年，许多网站在头部的视觉设计上也打通了 1000 像素围墙，不过大部分内容设计还是保留在 1000 像素宽度以内，穿越围墙怎么说也是件冒险的事：一方面有技术的局限性，比如不同浏览器的兼容性；另一方面，经验总成为说服自己偷懒的最冠冕堂皇的理由。

## 全屏时代

宽屏的展示效果更加开阔丰满，充分利用了 1000 像素以外的标准空间，你是否有所心动？但如果你为用户感到不安的话，我们可以看看下面这个分辨率比例图，这虽然是某款产品的用户比率，但可以看到一些普遍性的问题。

## 屏幕分辨率

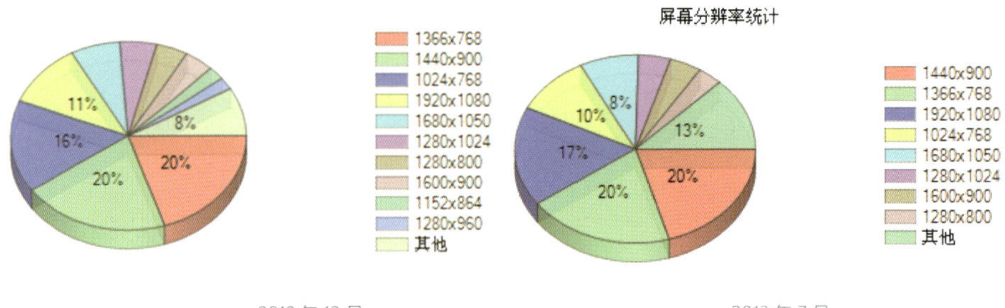


2012 年 12 月　　　　2013 年 7 月

上图分别是 2012 年 12 月 和 2013 年 7 月 BNS 游戏用户屏幕分辨率调查报告，从上图可以发现，1024 分辨率用户占的比例呈下滑的趋式，仅七个月时间 1024 分辨率从 16% 降至了 10%。1366 和 1440 分辨率的笔记本用户还是占相对多数，超大屏的 1920 分辨率宽度用户也在逐渐上升。从 2013 年 7 月的数据来看，针对 BNS 游戏用户来说（由于剑灵是高配置游戏，所以在同类产品中用户的屏幕分辨率较高，不同产品有不同分辨率数值比，大家可以根据自己的用户比例来决定网页的最小宽度），网页设计师可以将网页的最小范围拓宽至 1280 分辨率，让 1280 分辨率以上的用户拥有最优预览效果，另外也保证 1024 分辨率的用户能够完整地看完信息（完整地看完信息包括通过交互触发或者鼠标的滚动配合浏览，但浏览效果可能相对次于 1280 分辨率以上的用户。）

是时候让屏幕超过 1024 分辨率的用户享受到更大视野的设计了。不论是想让你的产品信息看起来更舒适，还是想让你的产品看起来更上流并贴近时代，我想你也不忍心放弃这样的变革。

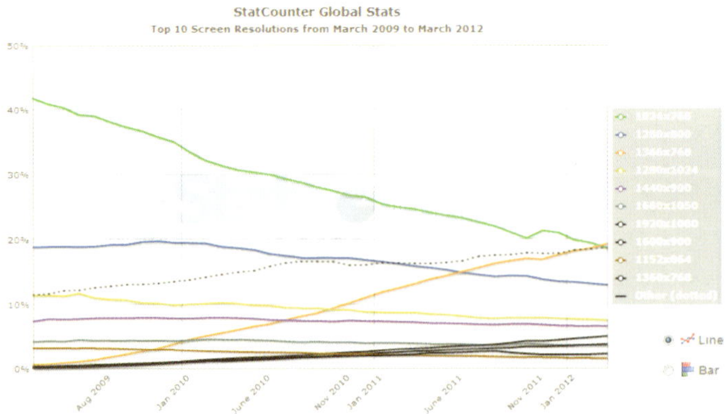

## 大图平铺、中心定位、单侧定位、全屏响应

这里向大家推荐四种全屏网页设计的视觉模式。简单归纳了电脑显示终端的全屏设计，展示了 1920 最大画幅和 1024 最小画幅的设计。中间过渡 1280、1440 等宽度可以依照此方法以此类推。

## 一、大图平铺自适应

这是一种给用户感受最强烈的大背景全屏视觉，整个视觉主打一张完整图片，交互和文字信息较为简单。图片尺寸根据屏宽大小自适应，交互菜单和文字信息通常默认系统字体通过大小变换和位移进行屏宽自适应。

## 二、中心定位，两侧自适应

将主要内容和视觉居中安放在 1000 像素的尺寸以内，左右两侧安放次要的菜单按钮或辅助信息，让它根据屏幕宽度自适应，这个方法要注意：一是不要将核心内容安放两侧，以免被忽视；二是延展区域尽量减少干扰或在延展收缩过程中产生信息重叠。

## 三、单侧定位，中心延展

主要的信息内容居一侧对齐（左侧或右侧都可以，中国人一般习惯从左阅读所以我们通常选择左侧为主侧），次要的辅助视觉居另外一侧。文字信息选择系统默认字体，并根据屏幕自适应，为视觉内容留有一定的空间以达到装饰效果。

## 四、小切糕全屏响应式

小切糕响应行业俗称瀑布流设计，是根据屏幕宽度进行计算，通常在设计时会有一个基础最小切糕，然后以 2 倍、3 倍、4 倍的方式进行拓展，并计算出最合适完整的组合。通常用在图片信息的展示页面。

1000 像素以外是更上流的空间，不要在过去的潜规则中无法自拔，不要让经验画地为牢，大胆开垦新良田吧！

## 硬件已迈步视觉怎可原地滞留

我们将其分为四大类进行赏析，包括：大图平铺自适应、中心定位两侧自适应、单侧定位中心延展、小切糕全屏自适应。

## 一、大图平铺自适应

对于大图平铺自适应，图片质量是关键，它将影响着整体的视觉质量。其次，是内容与图片的协调，尽量让它们不会互相干扰，处理方式一般分为两个类型：一个是对背景的处理，一个是对文字的处理。背景方面，会配合文字所处的位置进行局部模糊、纹理色彩弱化、单色化等处理。文字方面有时会选择覆盖底色，或半透明底色等方式进行突出，拉开与背景的视觉差距。

▶ 图片质量高，文字选择随字形的方形块面填充突出信息，表现干脆利落。图片尺寸随背景大小自适应，文字使用系统默认字体。在自适应的过程中便于定位和程序操控。

▲ 半透明的文字背景使内容在复杂的背景上变得清晰，并与玻璃质感背景相得益彰。

下图的三张网页是上图左中右三个按钮的相应页面。这是一个超屏的背景视觉，也就是大于 1920 分辨率显示器的背景视觉。它通过手臂的延伸趋势与交互按钮进行配合，内容呈现巧妙利用了简化质感的黑色 T 恤，信息清晰，背景简洁并过渡了衣服的形态。双臂延展所呈现的信息也以简洁的黑色块承载，双手捧起的造形，让简化的版块与实际动作结合在了一起。宏大的背景人像，给我们带来了强烈的直观感受，黑白虚实的结合巧妙自然，黑白男性人物与出跳的玫红亮色闷骚时尚。

## 二、中心定位，两侧自适应

中心定位是一种假全屏的视觉效果，适合于文字信息较少的视觉选型页，而这部分的视觉并不使用全画幅的照片或插画，而是通过一定的排到组合形成的主视觉。主画面集中在 1000 像素以内，左右带一定的延展性。整体不切糕，形成视觉上的假全屏。上下信息主要以导航、LOGO 等内容为主。通过欣赏下面几张网页，我们看看有什么讨巧的办法实现假全屏的视觉效果。

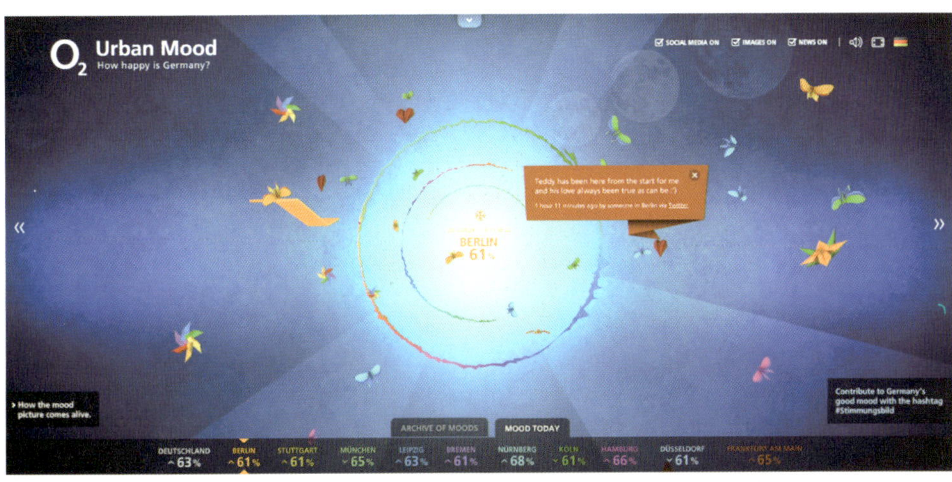


Telefonica

这个页面蓝色的大背景与橙色的小点缀搭配，色彩鲜丽。中心向四周的太阳型视觉，使我们感受到了视觉的延伸。这是一种讨巧的假全屏方法，上下两侧的信息是按最大画幅定位的，整体页面开阔，自适应舒展性自然。

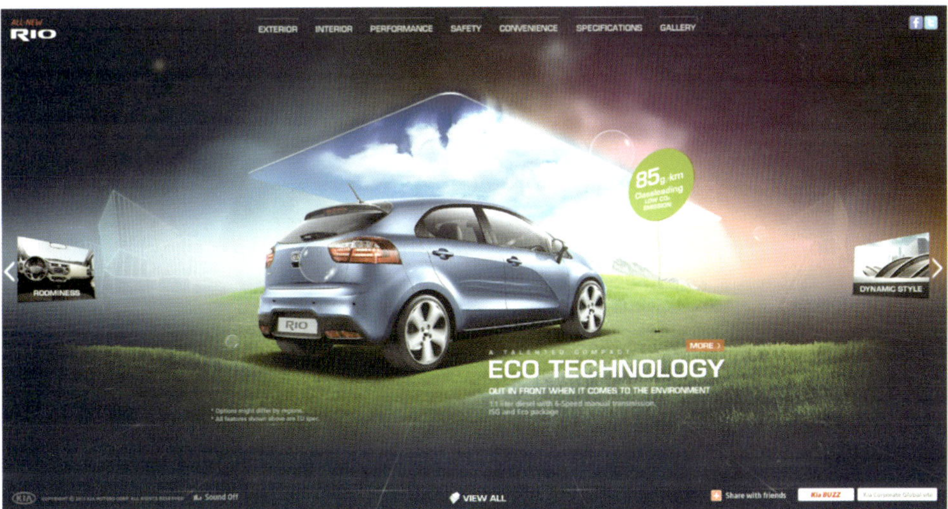


两侧的切换按钮是让中心视觉延伸为假全屏的好办法。

左侧的彩色 LOGO 定位也是能够快速让用户感受到假全屏画幅的好办法。

给边框文字信息穿上单色矩形束身衣来帮助我们实现假全屏，它还可以使文字免受背景干扰，也方便程序上的自适应定位。

## 三、单侧定位，中心延展

单侧定位，适合于资料较多的全屏页。在单侧定位的 1000 像素宽度内首先要保证文字信息的呈现，其次是配合视觉图片。视觉图可以使用延展型，可以保证整个画面不切糕。

左对齐的设计如杂志一般具有节奏感，轮播位置撑开了最大画幅，并动过向右的轮播滚动条浏览超过当前显示器宽度的信息。

我们可以看到在单侧定位的全屏设计中，内容信息永远是需要首先保证在最小画幅内呈现的，图片和背景只是以辅助的形式以自适应的方式存在。

为了让前景信息更清晰，背景时常退而求其次，采用模糊或单色弱化。

## 四、小切糕全屏响应式

小切糕全屏响应式设计适合以小图片展示为主的信息或图文信息。信息之间的关系属于并列的、信息量级接近的，信息数量较多的，小切糕的方式可以支持实时更新的动态数据。切糕图片的大小有其规律，它们通常有一个单位面积，并以通常一倍、两倍、四倍这样的翻倍方式进行拓展，这样在形式结构上可以更加完美无缺。

这里展示了宽屏和窄屏页面的不同呈现效果。方块较完美地由上至下填满画面空间。

比例不同的切糕正如不同款式的衣服，让我们在上传图片时有更多的选择，整体样式也显得更加动态轻松。

这个规则型的小切糕结构严谨，形式上简洁，延展性好。但唯一的缺点就是对图片比例尺寸的要求不如其他几个案例轻松。大家可以根据信息的需要选择使用。

## 核心鉴赏员全国招募令、剑灵汉化专题等

我们分别尝试以视觉为主和以信息为主两种全屏模式的网页设计，也是较为常用的两种全屏设计方式，当然并不是所有的需求都满足全屏设计的要求，所以在开始前我们必须和需求方进行沟通，对整体交互进行一些改造以帮助我们更加顺利地完成全屏的效果。

## 案例 1 核心鉴赏员全国招募令

### 核心鉴赏员 全国招募令

**Q1. 你曾经玩过哪类游戏（多选）？**

A 大型角色扮演类网游　B 射击游戏　C 体育/音乐/舞蹈/竞速等大型休闲游戏

D 联网对战类游戏　E 动作格斗类游戏　F 其他游戏

**Q2. 你近一个月最常玩的是哪类游戏（单选）？**

A 大型角色扮演类网游　B 射击游戏　C 体育/音乐/舞蹈/竞速等大型休闲游戏

D 联网对战类游戏　E 动作格斗类游戏　F 其他游戏

**Q3. 你的性别？**

A 男　B 女

**Q4. 你的年龄段**

A 15岁以下　B 15-18岁　C 19-24岁　D 25-30岁　E 30-40岁　F 40岁以上

**Q5. 你的职业?**

A 学生　B白领　C自由职业

**Q6. 你的网游年龄？**

A 0-1年　B 1-3年　C 3-5年　D 5-8年　E 8年以上

**Q7：你每日在线时长？**

A 1-2小时　B 3-4小时　C 4-8小时　D 8小时以上

**Q8：你所在的区域？**

A 东北　B 华北　C 西北　D 华东　E 华中　F 西南　G 华南　H港澳台

**Q9. 你的电脑配置**

A 普通家用电脑　B 3K以下高级家用电脑　C 3-5K普通游戏电脑

D 5-7K高级游戏电脑　E 7-9K游戏发烧电脑　F 9K以上

# 一、需求分析

这是一个问卷调查专题页面，由九道问题组成，由于在产品处于初期的少量放号测试期，产品整体的宣传偏向视觉化，问卷调查的整体题量也比较小，这样的需求给予了设计师比较大的空间：一来可以对问题进行图形化表达；二来剑灵的游戏对机器的高配要求让网页设计可以进行许多更宽屏的视觉表现。

在这种情况下，我们选择了"中心定位，两侧自适应"全屏视觉表现。

# 二、设计分解

## 1.交互修整

首先我们将主 SLOGAN 和每屏重复出现的长篇文字整体规划到独立的首页，这样可以让玩家在回答问卷时尽量少受干扰，也可以让画面更加简洁。

第二，设计一条问题导航，让玩家对整体的题量有一个预估。这样不容易因为害怕题量太多而中途放弃，用户也可以通过题目导航快速切换题目。

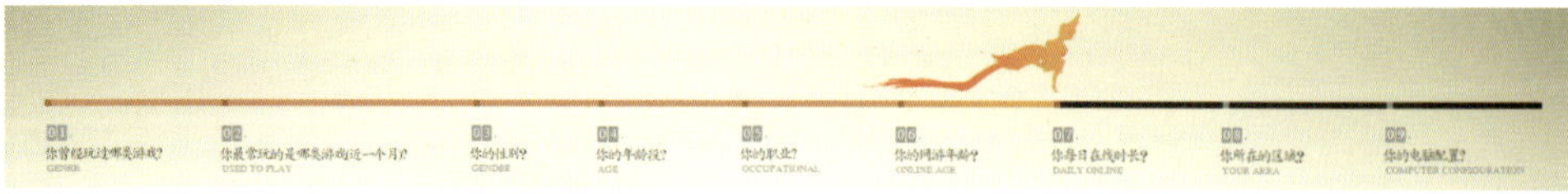


第三，在顶部设置常规外链和用户登录及用户信息。除了功能上的用处还能够为假全屏视觉提供一些定位的视觉点。

## 2.中心视觉定位

中心视觉以问卷信息为主，视觉集中于 1000 像素宽度以内，标题由色块背景和系统文字组成，可以由程序控制定位。在 1000 像素以内中心视觉的顶部保留出与左右按钮高度一致的空间，主要是为了保证在自适应过程中不会重叠干扰。

## 3.全屏自适应设置

页面的全屏效果主要由四个部分承担：一是问卷导航，它突破了 1000 像素的宽度，小屏用户使用时选择当前定位，这样在满足大屏用户视觉效果的同时也能满足小屏用户的功能使用；第二个全屏适应的效果是页面顶部的交互按钮，它根据屏幕的宽度始终保持在页面的两侧；第三，是页面的背景，页面中部有一段可重复延展的渐变区域，可以根据屏宽自适应。

1920 和 1024 像素视觉效果展示效果如下：

## 三、页面展示

02
你最常玩的是哪类游戏？
多选项
专题首页

04
你的年龄段？
15岁以下
15-18岁
19-24岁
25-30岁
30-40岁
40岁以上

06
1年
3年
5年
8年
0-1年
1-3年
3-5年
5-8年
8年以上

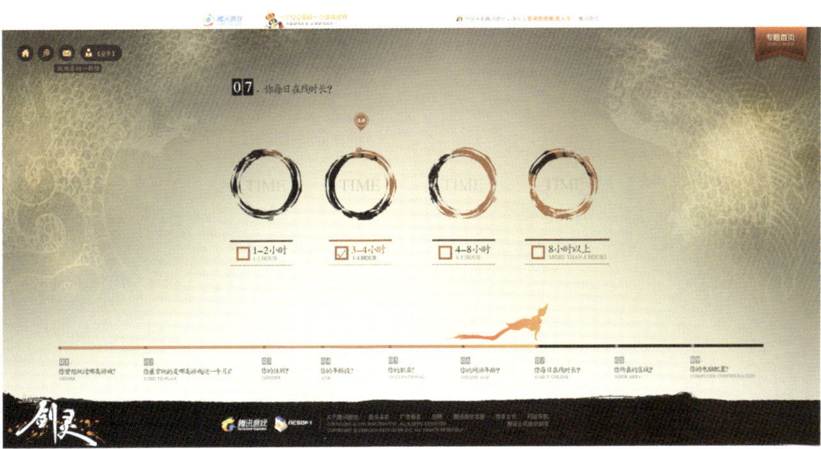
专题首页
07. 你每日在线时长?
1-2小时
3-4小时
4-8小时
8小时以上
MORE THAN 8 HOURS

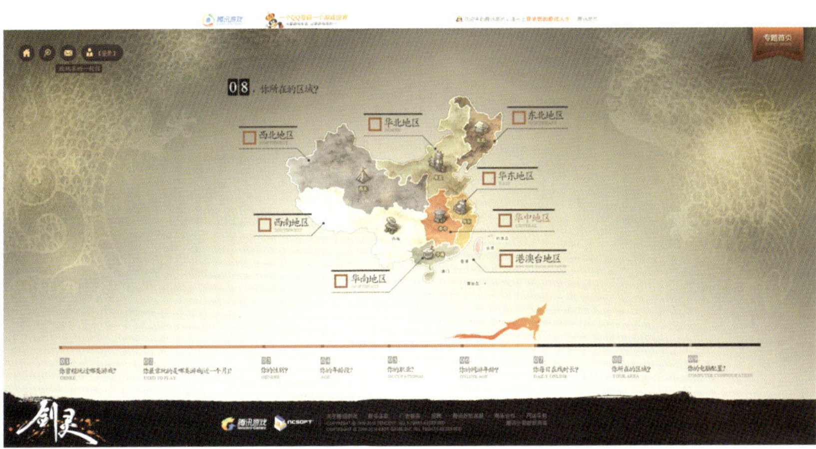
专题首页
08. 你所在的区域?
西北地区
华北地区
东北地区
华东地区
西南地区
华中地区
港澳台地区
华南地区

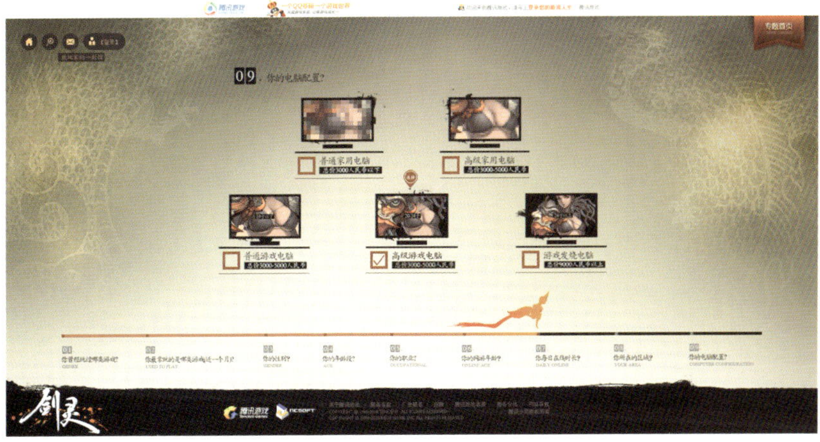
专题首页
09. 你的电脑配置?
普通家用电脑
高级家用电脑
普通游戏电脑
高级游戏电脑
游戏发烧电脑

## 案例 2 剑灵汉化专题

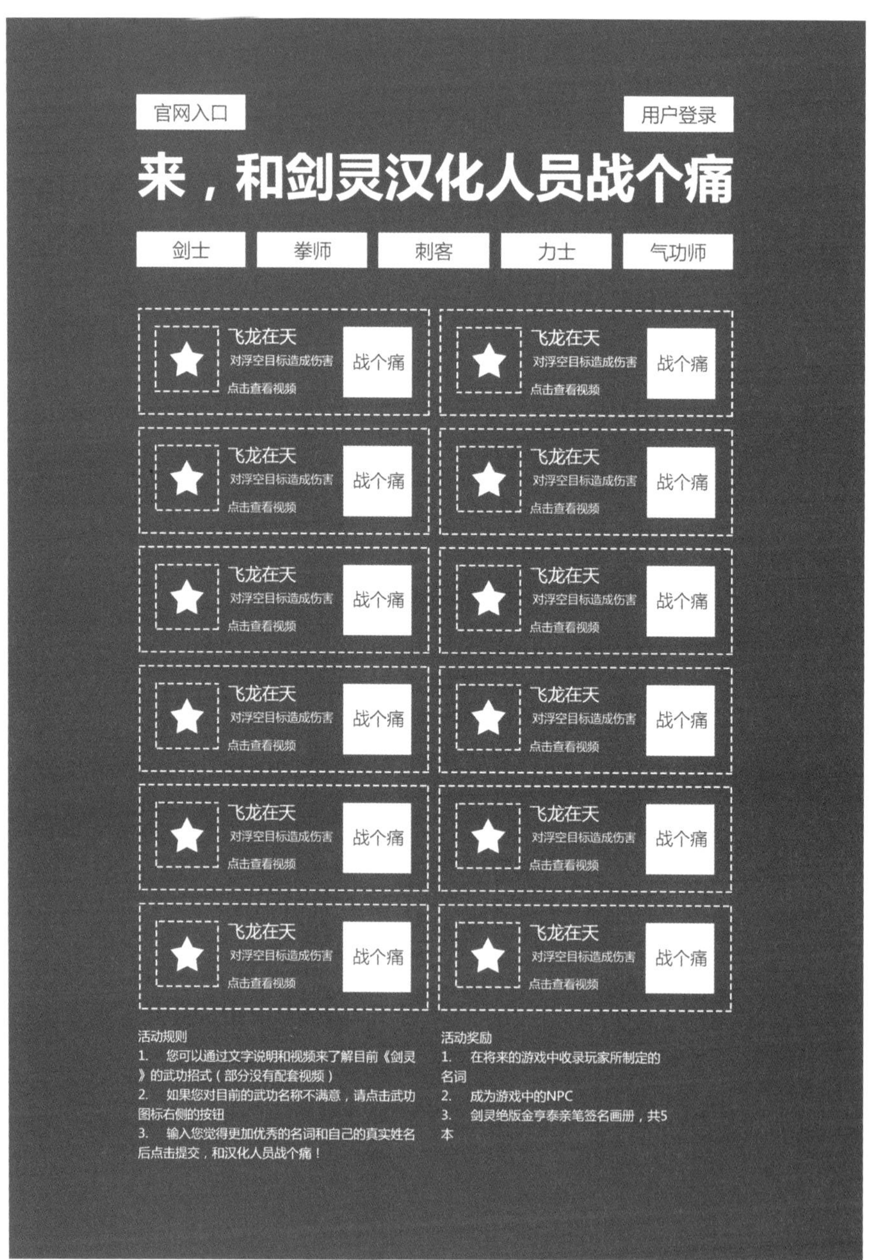
官网入口
用户登录
来，和剑灵汉化人员战个痛
剑士
拳师
刺客
力士
气功师
飞龙在天
对浮空目标造成伤害
点击查看视频
战个痛
活动规则
1. 您可以通过文字说明和视频来了解目前《剑灵》的武功招式（部分没有配套视频）
2. 如果您对目前的武功名称不满意，请点击武功图标右侧的按钮
3. 输入您觉得更加优秀的名词和自己的真实姓名后点击提交，和汉化人员战个痛！
活动奖励
1. 在将来的游戏中收录玩家所制定的名词
2. 成为游戏中的NPC
3. 剑灵绝版金亨泰亲笔签名画册，共5本

## 一、需求分析

这是一个职业技能汉化命名征集页面，技能以职业分为五大类，每个职业有二到三十个左右的不定数量的技能，产品希望通过页面一方面能够征集技能名字，另一方面也可以起到宣传产品职业和技能的作用并让浏览者对产品产生一定的兴趣。

从目前的交互稿来看，内容一次呈现比较多，层次感会比较弱，其次，如果依现在的交互稿设计出来的页面，玩家看到的多为由技能图标组成的小豆腐块，视觉效果较弱。为了改善整体交互的层次感和视觉性。我们做了以下的的交互修整和优化。

## 二、设计分解

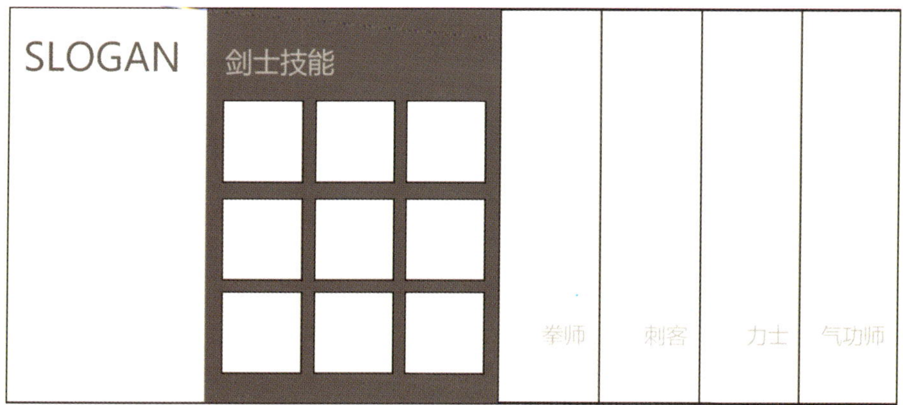


### 1.五大职业按钮的自适应

五大职业按钮将人物形像与文字居一侧对齐，这里选择了右侧，这样在页面重构的时候可以比较简单地选择向右侧延展或收缩图片进行定位，在 1000 像素的宽度以内，我们选择至少展示职业名称和职业形象。按照这种方式，左侧固定宽度为 300 像素，当屏宽为 1920 像素时，每个职业人物的按钮宽度为 384 像素，当屏宽为 1000 像素时，每个职业人物的按钮宽度则减为 140 像素，以此类推。

## 2.技能图标内容的自适应

技能图标的自适应是通过列数来改变的，每个图标的宽度不变，通过列数来自适应屏宽的大小。当屏宽为1920像素时，图标显示为三列，宽度为600像素，当屏宽为1000像素时，图标显示为两列，宽度为400像素。设置1280像素为图标列数的分界点，大于1280像素设置三列，小于1280像素设置两列。设计图如下。

# 三、页面展示

剑灵
来，和剑灵汉化人员
战个痛!
TRANSLATION
05 气功师技能
战个痛
上一页
下一页
02 拳师
03 刺客
04 力士
05 气功师

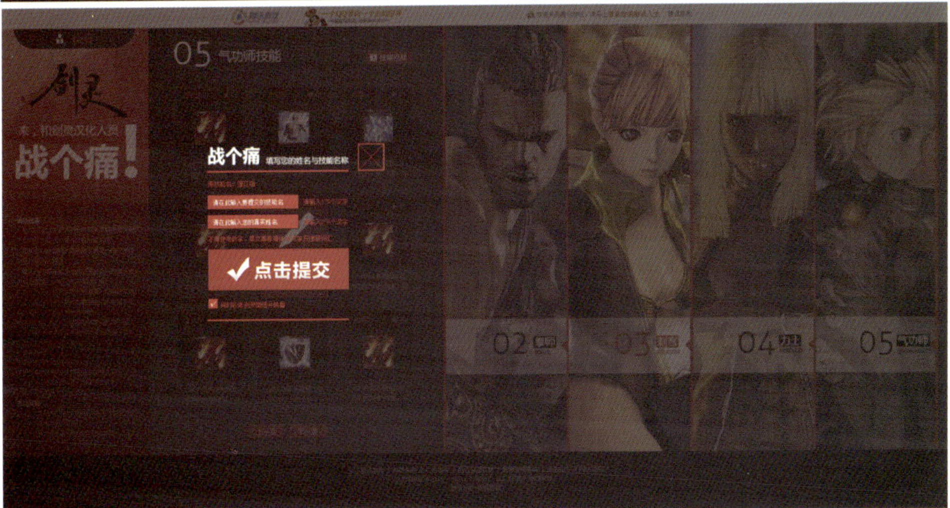
剑灵
05 气功师技能
战个痛 填写您的姓名与技能名称
点击提交
02 拳师
03 刺客
04 力士
05 气功师

# 案例 3 剑灵不删档测试官网

## 一、需求分析

这是《剑灵》不删档测试的官网交互稿，在写这本书的时候《剑灵》刚刚结束了第三次内测并在两个月后迎来不删档测试，整个官网首页和子页的设计、重构、开发以及内容编辑上线大概是两个月时间，这算是一个相对宽裕的预留时间，对于设计师来说就有更多的时间来思考。大家都知道产品越接近后期，信息资料就越多、类型也越多样，关系到的合作和利益也更加复杂，由于信息的增多，视觉表现的空间变得狭小，不删档到公测后的官网区别于预告时期的视觉化官网，后期的官网多以资料梳理为主。通常的官网格局如右图一样，而设计这样的交互页面相对还是比较难突破的。

如何在这样一个传统的瓶颈下找到一个突破口，并达到形式与信息的完美结合呢？响应式网页是一种趋势，在这一年里，也有许多优秀的响应式设计的案例，但面对信息量如此之多、信息类型如此复杂的官网首页来说，确实很难找到一个平衡点。为了形式而形式的设计肯定满足不了功能类型的页面。一个以信息和资料为主的页面，就必需从根本出发才能找到出路，于是我们从形式表现逐渐转向信息梳理，在这里十分感谢同事高立的帮助，讨论是能够激发灵感和热情的方式，我个人比较倾向于两到三个人的互动讨论。

## 二、设计分解

官网做为一个相对综合性的网页，它的视觉和交互设计关系到许多因素，由于本章的主题是宽屏大视野，所以在这个部分我们主要针对官网的响应式在视觉设计方面的解析，关于官网的视觉表现、交互梳理以及内容归纳等部分就不在此做细致分析。

## 1.大布局

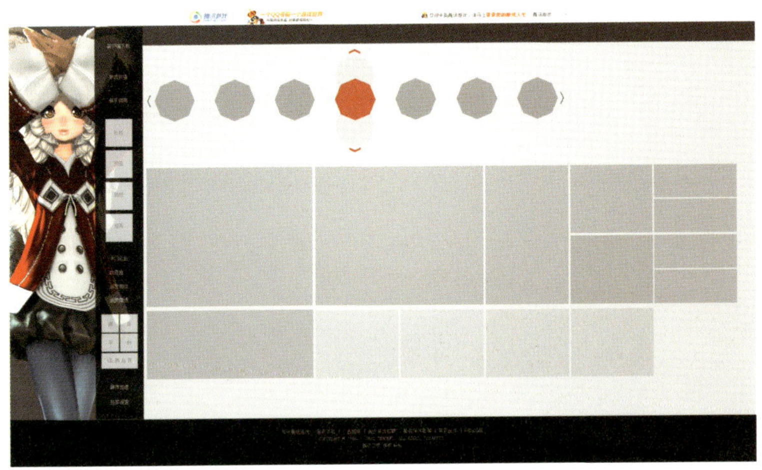

根据官网信息内容和剑灵的视觉特点我们选择了居左对齐、右侧延展的方式。这样既可以方便延展，也可以让剑灵游戏引以为豪的人物视觉得到充分展示，增强游戏性。另外首屏的内容也可以大大增多。当然主要的难点也集中在右侧的响应式设计。

## 2.倍数单元格框架

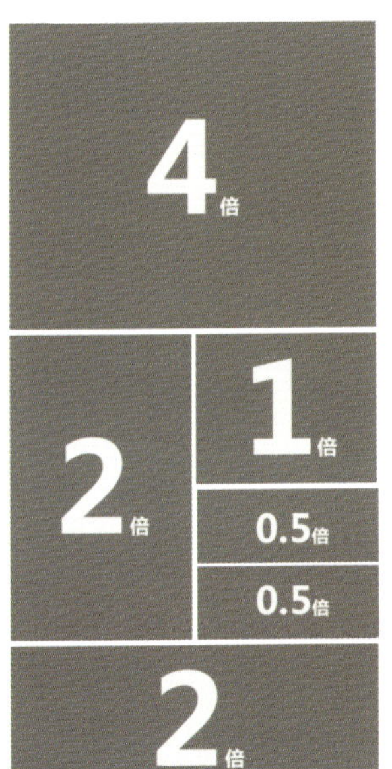


## 3.传统板块大变身

（1）4倍单元格

由于这两块信息的重要性，我们将其排放在右侧流动版块的黄金位置，也就是左上位置，不论页面如何流动它们都稳居首屏，呈现一个半固定的状态。

（2）2倍竖条单元格

这块信息是原交互稿中的职业介绍，由于职业的介绍主要是人物展示为主，所以我们选择了长条形的板块以满足其展示性的要求。

大家可以看到这边的交互和内容都有做了比较大的改动，将职业和种族进行联合互动，在首页上删去了具体职业的合击部分，将其移到子页内。这样的调整使主要信息突出，将复杂而相对二级的信息移至内层级。内容的逻辑上更清晰，视觉上也可以得到充分展示。

（3）2倍横条单元格

道具的板块也做了一些交互的变动，大家可以参照原交互进行对比。这里的变化主要综合考虑了游戏中的道具、服饰、礼包都是固定大小的方块图标，而且一次公开的个数会比较多，于是我们选择了长条的格局，并设置左右的按钮进行更多的预览。

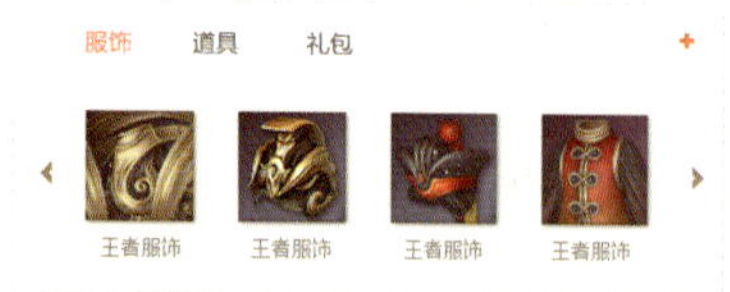


（4）1倍单元格

1倍单元格我们选择了出现频率最高的活动广告，以及在资料中等级相对次要一些的副本和壁纸、原画等视觉资源，1倍单元格在流动上更加灵活，限制较少。一些资料根据其重要程度，将次重要信息进行层级收纳，放置在左右‹ ›箭头中。

（5）0.5倍单元格

0.5倍单元格在这个案例中是为了方便为媒体LOGO提供合适的排板空间而另外设定的，虽然它在视觉中呈现的是一个0.5倍的状态，但它在流动过程中间是绑定状态，也就是两个0.5倍单元格合为一个1倍单元格进行流动。

## 4.信息的类别梳理

由于版块形式较为相近，而且官网的内容又相对丰富，所以我们对内容进行了两个大的类别划分，主要是活动和资料两个大的类别，通过版块颜色的设定进行归纳，方便玩家的快速浏览。

（1）资料型版块

资料型版块相对于活动来说更新频率较慢，属于长期保持性信息，所以选择以白色为主，让其显得相对舒适。职业、种族、副本、道具等都属于资料型信息，所以这里做了以白底为主的设定。

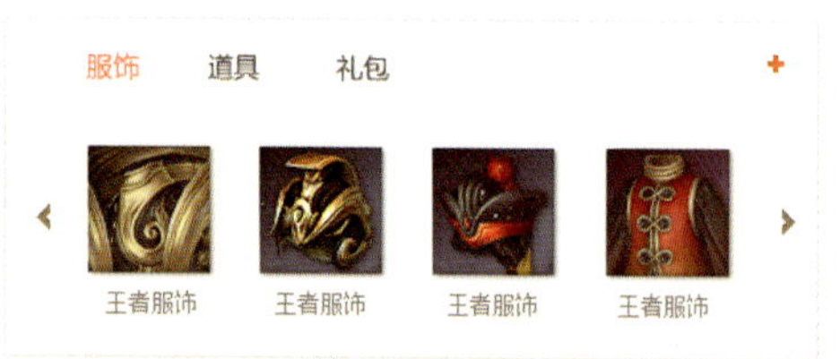


（2）活动广告型版块

广告型版块更新频率较高，而且需要更加突出和刺激的视觉引起玩家注意，起到广告效果，所以这边选择了深色调子进行定义。

通过颜色调性的划分，用户经过一段时间的使用，便可直接通过扫描了解信息的大体类型，也可以在一定程度上弥补版块在流动过程中产生类别跨越的问题。

## 三、页面展示

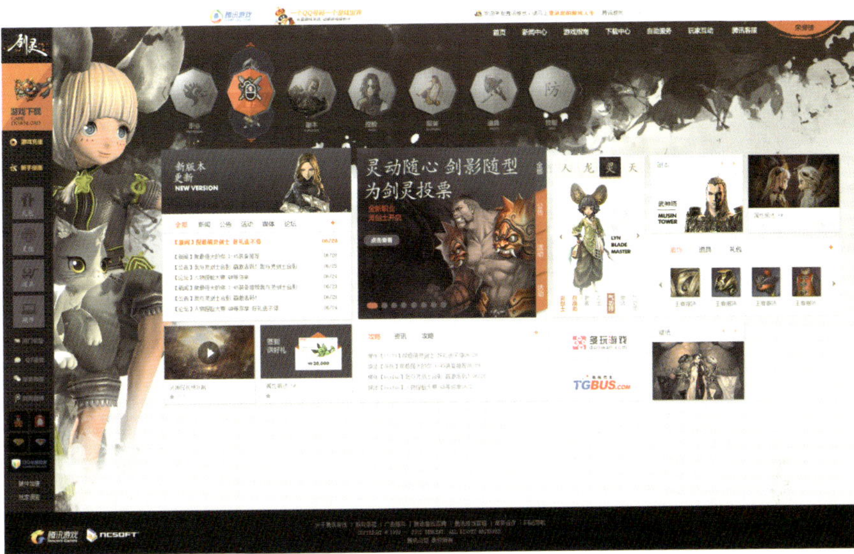

1920 像素宽度

1024 像素宽度

# 08 文字衣橱

刚入行的设计师经常抱怨，因为文字太多而影响了自己的视觉设计，但我们是否想过，设计师是否直接将需求人给予的平白文字信息不加归类地直接再一次丢给用户？美从来不是毫无理由的，大量文字的不美是因为它无条理的晦涩，一个网页信息由很多不同的内容元素构成的，若其杂乱无章的一并涌来，手无足措之后，我们定将全线崩溃。给文字一个衣橱吧，智慧的条理一定能使它更加美丽。

## 文字也要有个家

没有家的文字是离散的，它们不仅逻辑性差，而且被扫描后的可识别性也不高。不要让你的文字流离失所，给它们一个家，你会发现世界原来可以更加清晰。

这是一个日常的家用衣橱，不同的存储空间有着不同的功能。如果我们将大量的文字信息进行合理地归纳和整理，相信我们能很快找到自己想要的东西。

## 大关系、分要点、小字眼

如果我们把一个长篇幅的文字比做我们的衣柜里的衣物，那么如何提取衣柜衣物的个性与共性以及它们之间的逻辑关系就是我们收纳设计衣柜的线索。

要收拾衣橱，我们就必需先了解衣橱里的组成元素，这样才好对它们进行归类和整理。

## 日常衣橱

要对衣橱进行整理，我们首先必须了解它们，包括它们的类别和我们的日常使用习惯，这样才能让我们快速找到想要的东西，使用起来也更顺手。如果我们的衣物是由内衣、内裤、裙子、裤子、外套、围巾、帽子、手套等组成的，那么我们长篇的文字又由哪些基础的结构组成呢？我们是否能够通过特定的类别把它们归纳起来呢？

## 文字衣橱

内容图示
关键字眼
序号
提示说明
主标题
重要数字
执行按钮
小标题
副标题

在一个长篇文章里，我们通常都可以找到以上这些内容，如果我们将它们进行归类收拾，让同等级的信息拥有自己规律，浏览文字的人看起来也一定可以少费些气力。

## 1. 主标题

主标题是指一篇文章的大标题，用来提出文章中心或主旨，文字体量相对较少，在网页表现中通常为粗磅大字号，在整体的排版节奏中占据着较强的节奏。

## 2. 副标题

副标题是指用来解释主标题的说明文字，跟在主标题后，文字数量相对主标题更多一点，设计表现为字号中等、磅数中等。

## 3. 小标题

小标题通常指的是在具体内容中，对详细内容进行分类组织，使行文条理清晰，在长篇文字中我们也可以对它进行分类和逻辑梳理，在设计上，也可以通过特殊的形式表现进行定位。小标题的表现通常弱于主副标题。

## 4. 序号

有顺序的号码，如数字序号 1、2、3、4……，包括大写汉字，如一、二、三、四……。

在设计中，由于序号有着归类指引的特殊功能，所以在设计中通常是一个小亮点，它的装饰作用如同一个小图标，对整体的文字信息可以起到分类、定位、装饰的作用。如果放大序号的字号，还可以加强排版的节奏感。

## 5. 内容说明

内容说明指的是通常所说的正文，它包含了下面要说的这些元素，但如果将整体文字信息进行解剖的话，也就没有所谓的正文的概念，正文是不同信息分类的综合。所以这里将暂时无法归类的、文字体量较多的信息叫内容说明，它的字号通常较小，字体设计简洁。

## 6. 提示说明

这个是在正文之外的对某个事件或名词的解释补充，在设计中通常的位置是在说明文字边上或依附于说明的事件或名词。有的还备有图文手绘等进行装饰，或者是一些虽然没有功能性却让整个页面都生动起来的小补充，这也是设计表现中的一个小亮点。

## 7. 关键词

关键词通常是指正文中出现的重要数据、时间、地点、事件、物件等，设计中会通过标红、放大、图示等方式进行强化。如果某些关键词的重要性高，而且在每个分类选项中都会出现，也会对其进行特殊的图形化定位表现。

## 8. 图示

图示分为两种：一种是对整体内容的概括，叫图标也叫 ICO；一种是对单个物件名词的图形化表示，我们称它为图片。高品质的图示对整体设计会起到比较大的帮助。另外浏览者通常会对带有图标、图片的信息特别关注。

## 9. 按钮

按钮有几种作用：一是触发行动，如“立刻购买”；二是跳转到其他相关信息，如“热点推荐”；三是对当前内容的补充说明页面，如“点击查看详情”、“更多”之类的按钮。我们可以根据不同的按钮功能设计其摆放的位置、颜色、大小等属性。按钮的设置也可以让当前信息呈现较重要的部分，让信息呈现更好地收纳。

以上这些便是我们大篇幅文字内容的组成元素，当我们面对大量的文字时，我们可以通过以下三个步骤，逐步将它们一一寻找并归类。

大关系可以理解为对文章的大意进行第一步分段，它是为了缓解大篇幅文字对阅读造成的恐惧，从三个步骤对比来看，大关系是对第一层大逻辑的梳理。它不涉及标题、内容或关键词等细分，它的任务主要是理清段落之间的关系，比如它们是属于并列关系还是流程关系，每段文字之间是否有相同的结构或相似的数据信息等等。

在分清大关系之后，我们第一次通过图形来进一步标识每个段落里的结构，提取每个信息段落里的主要元素，包括标题、副标题、小标题、内容说明等。这样的提取可以帮助用户快速提炼段落大意。在分要点的梳理过程中，我们要注意分清不同要点的层次关系，从大的主标题到小的内容说明，由重到轻，注意图形和色彩的应用，把握节奏，不能混淆关系。

小字眼，也可以叫做关键要点，主要是由少量文字组成的一些相对重要的信息，比如数字、时间、地点、奖励等等。在这个环节，我们通过图形化标识将这些信息进一步突出。这些小字眼有些是关键信息，有些是数据对比类信息，通常我们会对其标红或安置在特殊的位置供用户进行类比预览。有些关键信息我们会为它进行配图或增加有互动行为的按钮提示，从而使用户可以更快注意并获得这些重要的资讯。

## 一个萝卜一个坑

下面我们结合两个案例来看看韩国人是如何实现让主标题、副标题、小标题、序列号、提示说明、关键字眼、重要数字、执行按钮各就其位的，让它们一个萝卜一个坑的同时提取共性也表现个性。赏析中我们可以发现：信息层次明显比大篇幅的文字更容易阅读；有图片的奖品比纯文字的来得吸引人；有数据信息对比的文字比纯文字的更直观。

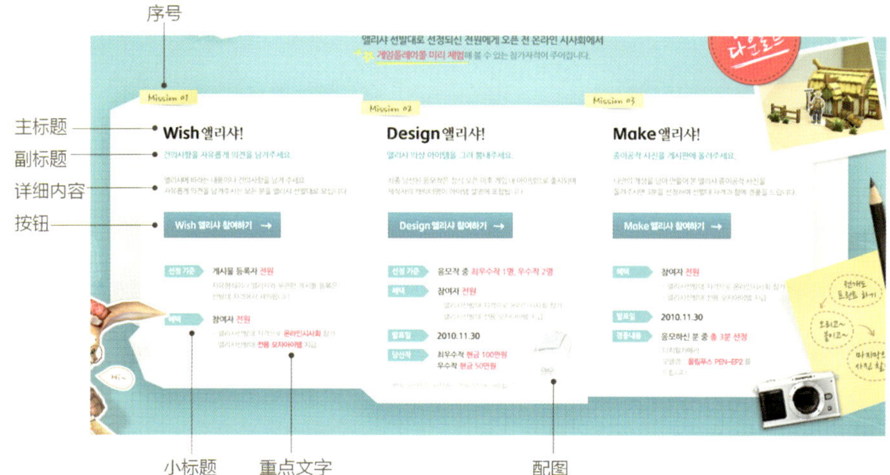


在讨论这个页面之前咱们先大致了解一下页面的主题，这个活动专题的大意是设计游戏内的衣服，然后用纸模把它制作出来，所以作者在这里为这个文字衣橱赋予了纸模的质感。纸片、手绘、铅笔、相机、照片这些装饰让这个专题充满了浓浓的手工意味儿。下面我们来具体分析一下在这个纸模 UI 的基础上，它们是如何进行信息内容的归纳和区域划分的。

### 一次分类——大关系

这是一个较简单的衣柜，它分为三个任务，分别是策划、设计、制作。它们属于一种并列的关系，并且每个任务的结构是基本一致的，也就是说在后续的设计中层次的划分可以使用近似的布局和图形化表现。

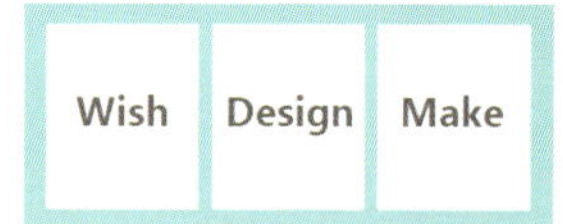


### 二次分类——内容语义

根据语义，将每个版块的文字信息进行释义，并梳理它们之间的层次关系。首先把主副标题、详细内容划分出来，然后是详细内容中的小标题，外部链接等。这里每个版块的内容分为上下两块，将任务的梗概和执行按钮往上放，具体的介绍细则和奖励往下放。这样方便用户扫描和快速操作，如果希望了解更多的用户可以再仔细阅读下方说明。

### 三次分类——关键重点

第三步是对关键的信息进行标注，本案例选择了对关键信息进行标红，在第二部分的设计中，右下角的小手绘草图既说明了设计的手绘任务又起到了小装饰的作用。

这个页面的大意是通过不同渠道进行投票助威，按照投票数由高到低进行排名。数据的强化表现，以及方便用户对比浏览是这个版块的一大特点，另外它将各类信息进行提取并分类表现，包括排名、渠道、投票数、助威留言等。工整的、有节奏的收纳让我们对信息感受十分直观，通过大致扫描即可掌握。下面我们来分解赏析。

## 一次分类——大关系

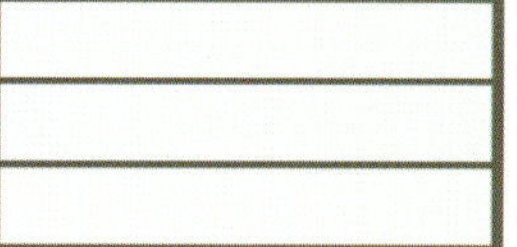

首先根据投票数分成三个部分，这三者虽是先后的排名关系，但它们的形式和信息结构是一致的，所以同样属于并列的信息。这是整体信息的大关系。这为未来可以直观地通过扫描对比就能快速理解打下基础。

## 二次分类——内容语义

接下来分解单个分类的关系，正如绘画一样层层深入。这边主要分为两大块：标题和具体内容。左侧标题部分由图标、主副标题、排名序号组成，右侧具体内容由投票方式、投票数据等组成。

## 三次分类——关键重点

第三步就是从繁杂的具体内容中提炼关键数据、提示旁白以及说明配图。这段信息中的提炼内容包括渠道、投票率、关键指数、外链等，这里都为它们设置了各自独立的位置和表现，当用户浏览页面时就可以通过各自的定位快速对比浏览。在标题图标的右上侧还加入了有爱的情绪表达，第一名是"嘿嘿"，第二名是"我们再努点力"，第三名是"我们还有取胜的可能"。这些非功能性的"小有爱"让整个画面更生动。

# 好的收纳可以提取共性，也可以表现个性

这是一个每日签到领奖页面的内容部分，我们可以发现好的文字衣柜有两个特点：一是能表现个性，二是能提取共性。

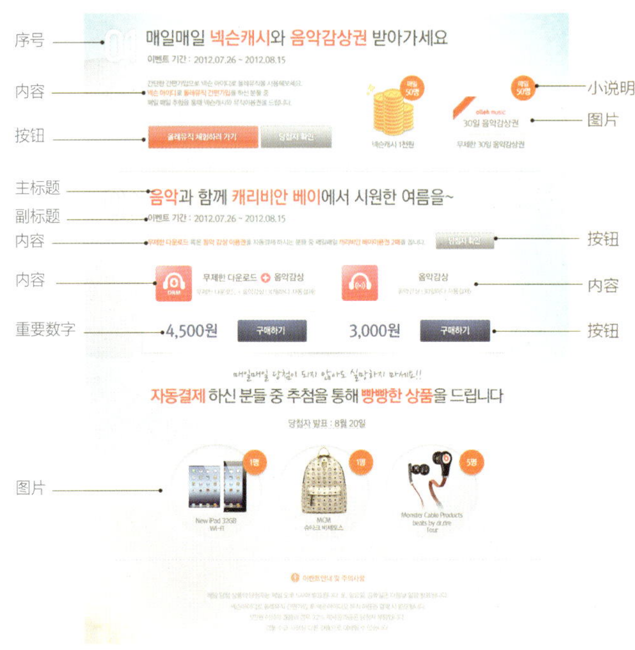


## 1.表现个性

这个"衣柜"对不同的奖励类型进行了不同的形式表达。不但在不同类型信息表现上不同，相近信息也有区别对待。如这个页面中有三块奖励内容。01部分展示的是半实物的奖励信息，所以"代币"和"音乐欣赏券"都用了较写实的图形；02部分相对来说是虚拟的服务奖励，它们是"下载收听"和"网上收听"两种方式，所以在奖励的图标上使用了功能化的图标表现，另外由于这两种服务是音乐券的功能，所以设计上使用了方形的纸券样式；第三部分是纯实物的奖励，设计上使用了圆圈放入真实的图片。三种不同的奖励方式用了三种不同的表现，虚实、圆方的形态搭配收纳性良好。

## 2.提取共性

对于关联信息和同属性的信息，好衣柜能够有效地提取共性，在这个页面里，奖励的人数用了单独的收纳，不论是哪种类型的信息，只要涉及人数，都用了相同的表现形式。在每个奖励的右上角都有一个橙色圆形区域放置奖励人数。良好的收纳能将信息中的共性提取出来，方便浏览者能够快速对比。在共性的提取上还表现为02中的音乐图标：音乐下载+音乐欣赏、：音乐欣赏，这两个图标既提取了两个奖励的共性，又将下载和在线欣赏两种特性表达出来。另外还有两个奖励的兑换价格 4,500원 구매하기 3,000원 구매하기。这些信息图形化表现，为信息的快速浏览提供了帮助。

# 好的收纳，文字往往只是图标的补充

好的文字收纳设计中，纯文字的信息永远只是图示的补充，它们将平铺直叙的文字都转化成图示、逻辑关系、数字、执行按钮和有爱的小提示等。

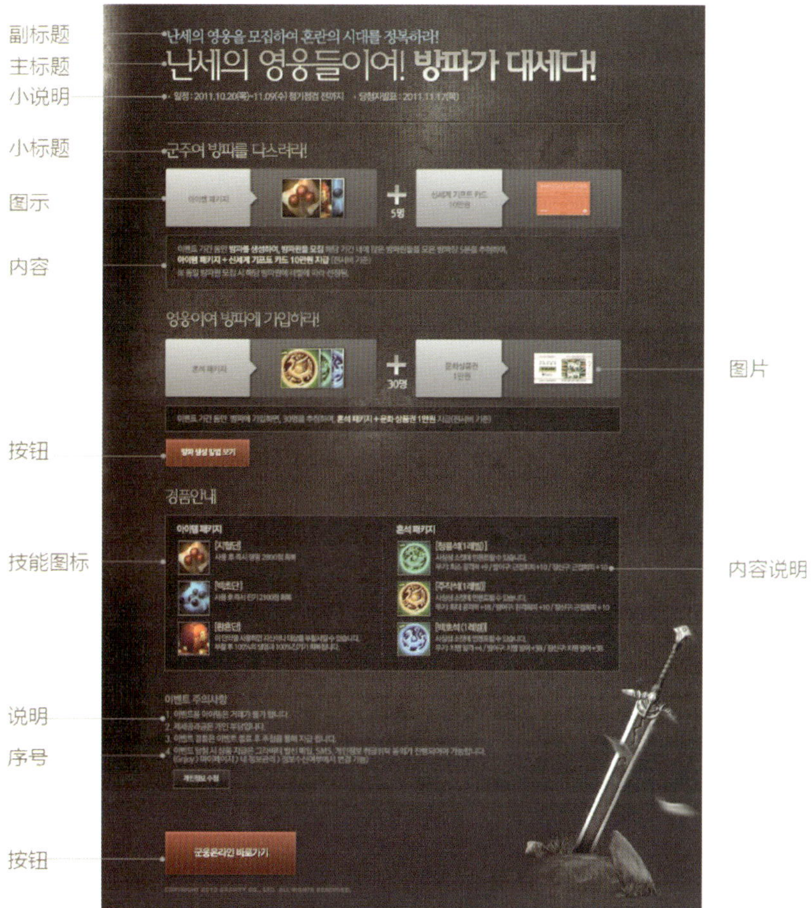


这个页面主要介绍了“君主”和“英雄”这两种等级的职业，并介绍了两种不同职业的不同奖励。这个页面的主要特点是逻辑符号的运用和丰盛的奖励配图。

“+”逻辑字符的使用让信息逻辑结构一目了然，在基础逻辑表达时，符号是十分好用的东西，这些符号包括“+”、“-”、“=”、“×”、“√”、“→”等等，适当使用可以节省许多文字上的解释，也能使阅读更加方便快捷。

另外，这张页面的关键信息和物品的图标展示充分。在用户浏览过程中，数字和图片是最容易引起关注的，在奖品或关键物品介绍时，图片往往比文字有效得多。所以在内容细化过程中，尽量将这些物品文字转换成图片。

# 好的收纳在图标、按钮、浏览方向的指引上通常比较充分

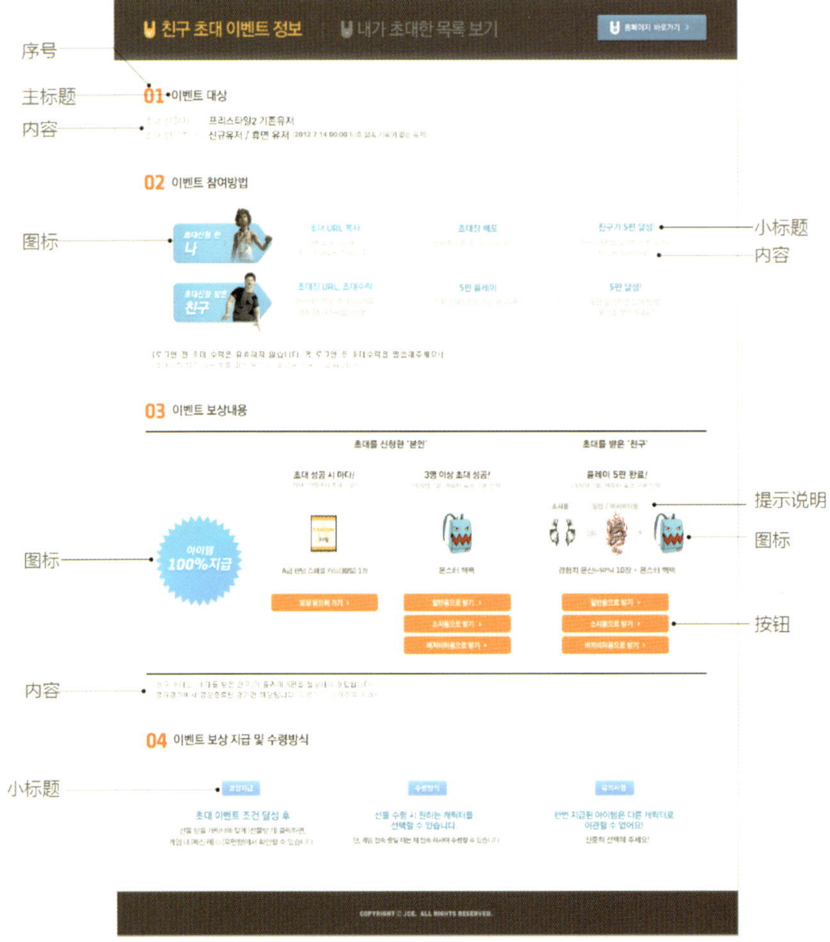


这是一个邀请朋友参加活动的专题，信息分成四大块：活动对象、活动内容、活动奖励、领奖方式。阐述四种不同类型的信息。

第一部分是一个针对活动对象的概述，表现相对简要。

第二部分通过人物形象和文字的配合，区分性地解释了"申请人"和"受邀人"两种角色的参与方式，"箭头"的符号标识为"参与活动的流程"做了恰当地分解和指引。

第三部分利用表格进行信息收纳使整体内容更加工整，收纳层次条理清晰，阅读性好，重点信息和奖励物品都配有相关的图片，整体结构清晰，重点突出。

第四部分主要介绍领奖方式。

## 好的收纳，表现上往往是有爱、亲和的

这是一个与用户交换意见的互动活动专题。首先，在整体结构上很写实，信息结构明晰，标题和序号的分层鲜明，标题使用高饱和的背景，具体信息则使用低饱合的灰白背景，让浏览者很直观地就可以梳理完整体信息结构。每个部分的信息就像一张可以展开和收纳的折纸，这种交互形式与内容信息的结构是契合的。除了信息展示清晰、结构写实外，我们也可以看到，在每个大标题处都有一个真人的有爱小插图，虽是无声的静态阅读，但却给人以生动的感受，就像是一个好调侃的主持人在陪伴阅读一般。另外，对于特殊的关键数字有独立安放空间和较醒目的视觉表现。整体表现亲和有爱。

## 仙魔对战

前面我们看了许多 X 国的信息收纳页面，下面我们拿一段日常专题中常出现的文字信息进行归纳，为它设计一个适合扫描阅读的文字衣柜。主要关注如何为它梳理逻辑关系，并为不同的信息设计不同形式的空间。

## 案例 仙魔对战

# 仙魔对战 赛龙端午

转发微博　下载客户端

活动时间：2011年6月4日-6月6日
还在赛龙舟么？你out啦！端午节，端午节里，仙魔两大阵营除了战场战斗，还各自派出乘龙仙和御龙魔，乘着青龙王和蓝龙王
到东海之滨赛龙赌斗，只要你等级大于20级，找到活动NPC选择一个阵营就可以参与活动，别人赛龙舟，咱们赛龙！！！

**仙**
接任务：报名时间内，希望仙方获胜，可在逗逗龙处接取仙方任务 【端午赛龙• 仙羽报名】逗逗龙长安广场（2528，743）　两个报名NPC仅在14:00--15:00和20:00--21:00出现
获得道具：5个“斗斗龙”，和5个“Go Go龙”
斗斗龙：可以用来给对方的龙使用减速
GoGo龙：可以对自己选择的龙使用加速

**魔**
接任务：报名时间内，希望仙方获胜，可在逗逗龙处接取仙方任务 【端午赛龙• 魔煞报名】斗斗龙长安广场（2524，743）两个报名NPC仅在14:00--15:00和20:00--21:00出现
获得道具：5个“斗斗龙”，和5个“Go Go龙”
斗斗龙：可以用来给对方的龙使用减速
GoGo龙：可以对自己选择的龙使用加速

15:00和21:00，青龙王、蓝龙王出现在蓬莱开始赛龙。
玩家可以对两个龙王使用自己手中的
斗斗龙 来给对方的龙使用减速、 Go Go龙 对自己选择的龙使用加速。
先到的龙获胜，拥有胜利方支持者buff的玩家获得更丰厚的动态奖励。

### 领奖

第一场领奖时间：比赛结束--17:00　第二场领奖时间：比赛结束--23:00
领奖NPC:【端午赛龙• 颁奖官】珍宝龙 (仅领奖时间内存在) 长安广场（2526，743）
领奖时间内，可到珍宝龙处领取奖励，如己方获胜则奖励双倍。如果当日完成过魔神之谷战场，奖励再双倍。

【奖励】
- 所选龙王胜：再生灵魄*1 高级精炼石*1 粽子*2
- 所选龙王败：再生灵魄*2 高级精炼石*2 粽子*4
- 所选龙王败且完成过战场：再生灵魄*2 高级精炼石*2 粽子*4
- 所选龙王胜且完成过战场：再生灵魄*4 高级精炼石*4 粽子*8

【成就】（完成过战场且猜对才有）
斗斗运气斗斗龙：10点成就点，10W经验

小贴士：如何能获得双倍奖励？去做战场任务吧！6月4-6日期间完成魔神之谷战场，结算成绩后会获得buff ”仙魔大战端午节”，凡是带着此buff完成端午节活动的玩家，都可以获得双倍的端午节活动奖励！
Buff说明：我打战场我光荣，端午节活动奖励双倍，Buff不可点掉，不可驱散，每次buff时间为24小时，领奖后清掉。

# 一、需求分析

我们拿虚线框里的这两段文字举例，可以看到，这里的信息多样且复杂，如果将其直接拷贝呈现给用户，不仅是一堆无头绪的信息，也是一片没有美感的视觉。

仙
接任务：
报名时间内，希望仙方获胜，可在斗斗龙处接取仙方任务
【端午赛龙•仙羽报名】斗斗龙长安广场（2528，743）
两个报名NPC仅在14:00--15:00和20:00--21:00出现
获得道具：5个“斗斗龙”，和5个“Go Go龙”
斗斗龙：可以用来给对方的龙使用减速
GoGo龙：可以对自己选择的龙使用加速

魔
接任务：
报名时间内，希望魔方获胜，可在斗斗龙处接取仙方任务
【端午赛龙•魔煞报名】斗斗龙长安广场（2524，743）
两个报名NPC仅在14:00--15:00和20:00--21:00出现
获得道具：5个“斗斗龙”，和5个“Go Go龙”
斗斗龙：可以用来给对方的龙使用减速
GoGo龙：可以对自己选择的龙使用加速

通常策划只会拟定大致的内容需求，而设计师的任务就是将这样的内容更轻松、更舒适地传递给用户。正如给宝宝喂食一样，为了使其能够更快地吞下和吸收食物，妈妈通常会为他进行第一道咀嚼。我们需要从以下三个方面得出信息。

- 大关系：仙魔的对峙竞争关系、它们具有同类型的属性说明。
- 分要点：它们一共包含五个信息——简介、坐标、时间、道具及其属性。
- 小字眼：坐标和一些时间数据会是重点要提醒的内容。

# 二、设计分解

## 1.大关系

（1）版块间关系：仙魔的对峙关系明确，应用“VS”表示其对战的关系。

（2）版块内主次关系：将版块分为概述和具体参数两部分，并对参数进行简化合并。

仙 vs 魔

TASK1
端午赛龙•仙羽报名
希望仙方获胜，可在逗逗龙处接取仙方任务

时间和地点
NPC仅在14:00--15:00和20:00--21:00出现
斗斗龙长安广场（2528，743）

道具和效能
斗斗龙x2：可以用来给对方的龙使用减速
GOGO龙x5：可以用来给自己的龙使用减速

TASK2
端午赛龙•魔煞报名
希望魔方获胜，可在逗逗龙处接取仙方任务

时间和地点
NPC仅在14:00--15:00和20:00--21:00出现
斗斗龙长安广场（2528，743）

道具和效能
斗斗龙x5：可以用来给对方的龙使用减速
GOGO龙x2：可以用来给自己的龙使用减速

## 2.分要点

分要点主要是强化主副标题的表现，并梳理逻辑的层次关系，并进行适当的配图。

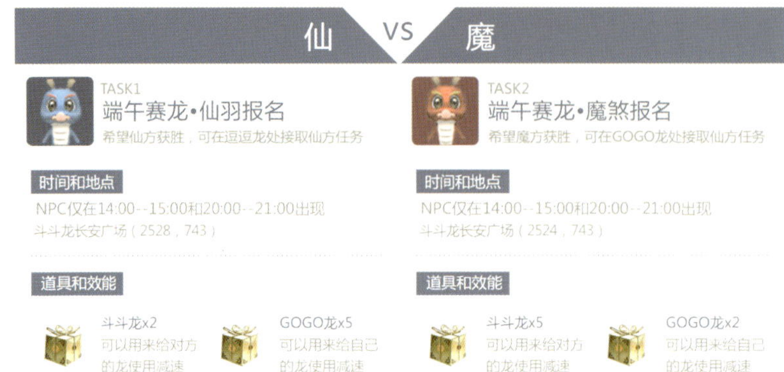


## 3.小字眼

提取关键词，进行视觉加强，这里通过手绘及标红的方式进行关键字和信息的强化。另外奖励的个数也做了视觉上的统一化。

（1）重点数据：时间、地点、数量参数等。

（2）关键字眼：特征对比属性。

好吧，事情就是，

如果天下所有的策划交互都已把内容嚼烂，

那还需要视觉设计师做什么。

信息视觉化我们不能忽视。

光顾着做主视觉的设计师们，还不赶快行动！

# 09
# 你看起来很好吃

你看起来很好吃？在这资讯爆炸的时代，如果说资讯是我们必须喂给用户的食物，那用户往往会是一群偏食厌食的宝宝，如何让他们乐意吞下这送到嘴边的食物呢？好吃！好吃当然受人喜欢，但真的好不好吃、有没有营养做为设计师的我们还真决定不了，不过"看起来很好吃"那便是我们的活儿了！

## 信息的图形化设计

这是一种对信息更深入理解的设计方法，较之前提到的关于信息黄金排版、信息文字收纳等在逻辑上更进一步，是通过设计师对信息的进一步消化的图形化输出，也称数据图形化。近两年在各类的数据报告表现中日趋走翘。而我们也可以将其利用在日常的网页中，使信息阅读更加快捷有趣，看起来更好吃。

DELICIOUS

I LIKE TO EAT THE PEACHES

为了配合编辑大成以权谋私力挺女儿上位的行径，特黑来一张他家姑娘小澈的高清无码屁屁照（人面桃子相映红）给大家作为福利。在此祝福小澈胃口棒棒，健康成长，也借此来打开本章的话茬儿，如何让食物看起来更好吃。

剥皮、挑刺、嚼碎，分行、标识、加重点。正如F型的阅读排版研究只是针对食物的食用性问题在一定程度上解决了"有阅读需求"的用户的扫描性阅读，但对于偏食厌食的宝宝们来说并无多大的作用。所以除了哼小曲扮鬼脸外，我们必须对食物进行有效地包装和加工。

如果它激发了你的食欲，那我们就继续往下看吧。

煎、蒸、炒、炸——正如食物加工的方法一样，大篇幅的文字同样也有着几种可归属的逻辑关系。把握了这几种基本的逻辑关系，我们就可以添油加醋，使其看起来简单有趣，让人充满食欲啦！

## 并列型、对比型、流程型

先前我们提到了对信息的收纳，是对信息进行归类整理，在这一章里，我们来进一步对它的逻辑进行重组和图形化。重点在于剖析几个事物之间的关系，并将这种关系用图形的方式表现出来，在这里，我们简单将逻辑中最常见的三个类型进行分析，它们是：并列组合型、数据对比型、步骤流程型。

## 一、并列型

并列组合型，它可以是有共同逻辑关系的不同事物，也可以是同一事物的不同方面，在设计表现上，它们之间是一种平等、均衡的状态，而在这些内容的表现形式和结构上也是相对一致的。我们可以结合以下几个图例进行分析。在日常的设计中我们也可以套用以下的几个图示来表达相近的逻辑关系。

这组并列关系图的五个元素，它们虽然没有具像的组合关系，但它们都有一个潜在的共同属性——交通工具。这种由潜在的关联性让它们组成了形态结构一致的并列关系。在设计上用并列的排布、相同的布局结构、统一风格的图标，将这种内在的共同属性关系表现出来。类似这种并列关系的（如：苹果、梨、香蕉它们虽不组成什么体系，但它们同属于水果；冰箱、电脑、洗衣机虽不构成变形金刚但它们同属于家电或机器），我们可以用结构一致，逻辑上并列但不组合的方式来表现这类关系。

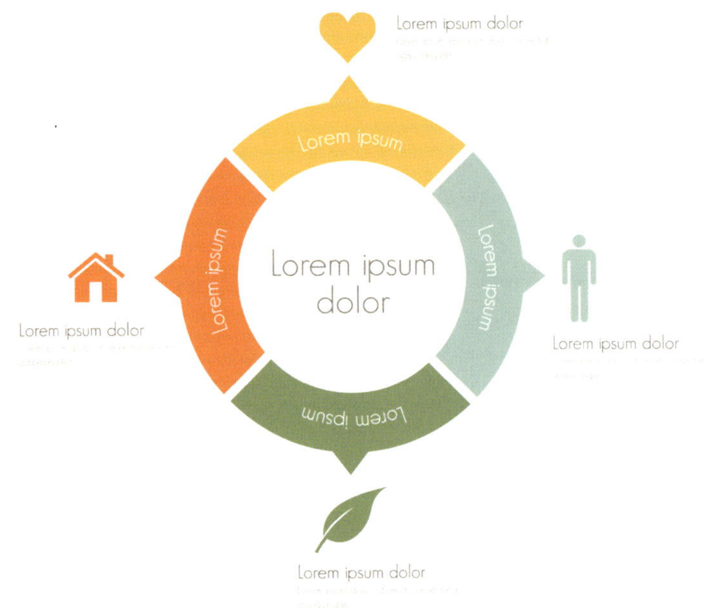


这个并列的逻辑图表达了三个内容：首先，它们是四个并列的元素；其次，四个元素组成了一个共同的合体；第三，这四个元素有其各自不同的特点。这种逻辑形式是最常见的：比如一本书，它由几个章节组成，每个章节有不同针对性的内容；或者今天的午餐由几道菜组成，每道菜是什么食物，口味有何不同等等……。当我们遇到类似的逻辑关系时，就可以套用上图的格局。

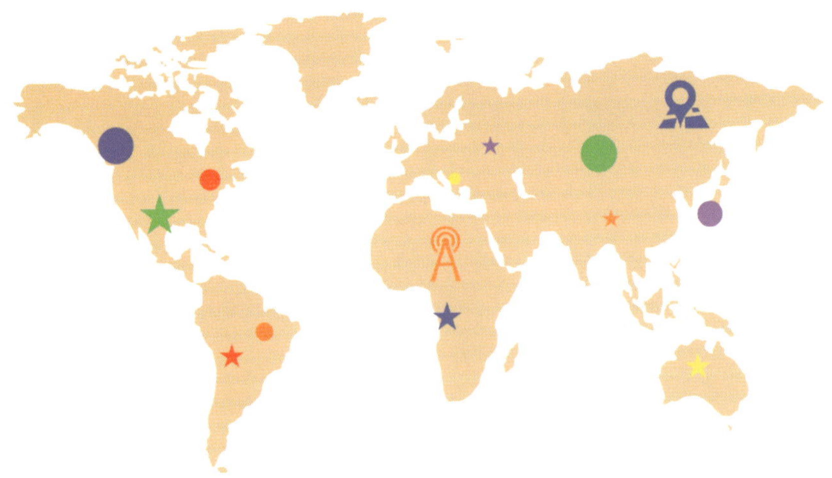

相对于上一张的并列组合形态，这张并列的组合则是具像的，它组成了世界地图，在不图的版图上标识着不同的特征符号，虽然特征符号各不相同，但地理位置之间以及它们的特征之间依然属于并列关系，这里在并列关系中将特征图形化并强化。如果特征进一步强化，并列的关系也会潜移默化成对比的关系，也就是我们接下来看到的这种关系。

# 二、对比型

对比关系是指两个或两个以上的事物之间的比较，或者是一个事物的几个方面的比较。它是在并列关系基础上强化特征，并通过数据或图形进行可视化的比对。它是并列关系的升级和特征强化。对比关系区别于并列关系的特征在于，它的对比表现高于它的并列表现，通常是需要经过对比得出某结论而存在。从简单的二者对比到多个元素之间的对比，从并列的单一数字呈现到数据化的图表，从横轴的图表到环形的图表，对比型的样式因为其不同的特征而拥有许多丰富的表现形态。下面我们结合图表来看一看。

## 1.两个数据的对比

这是一个简单的二者之间的数据对比，它强化了二者的数据差异，并通过颜色和面积来辅助表达二者的差异性。

## 2.多个同类数据的对比

这是一个图形化的数据对比图。在图表上既把并列的事物交待了，又把它们之间的对比关系形象地描述了。数字在这里起到了补充说明的作用。

## 3.标名参数的同类数据对比

这组图表和上图也有类似的地方，它们都是通过图形和数据相结合的方式，只是这张图标明了对比的时间参数。时间是以年为单位，油价方面则表现了一个上涨的趋势，不过本图没有具体标明上涨的具体数值，仅体现了一种趋势。

## 4.同类数据的多层属性的对比

这是一张含有多重数据的图表，包括四个并列的类别，每个大类别有一个总对比数，而每个大类中又有四个小分类的对比数据，用四种颜色定义，而这四个小类别的红、黄、绿、蓝又可以分别独立形成四个分类，形成细分对比。这种多层次的属性对比层次清晰、视觉的节奏感也较强。

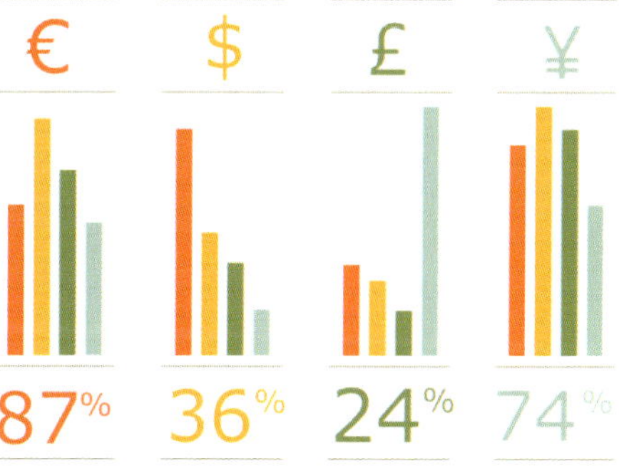

## 5.非同类数据的对比

这是一个多个事物之间的数据对比，它们可以是非同类事物，也可以是具有某一潜在关联属性的同类事物。统一风格的图标设计和统一节奏的图文结构为数据的对比打下了视觉基础。对比关系区别于并列关系的标准在于，它的数据和特征对比的表现高于它们之间的并列表现。

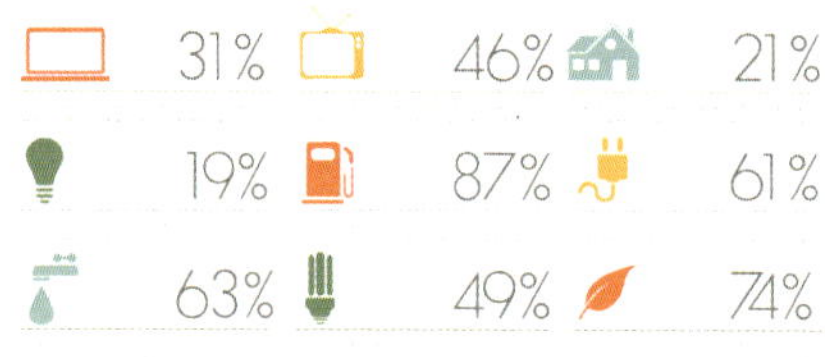


## 6.单个数据的轴线图

单个事物的轴线变化趋势图根据横轴数值的递增而不断变化，可以直观看到一个事物的发展规律和趋势。

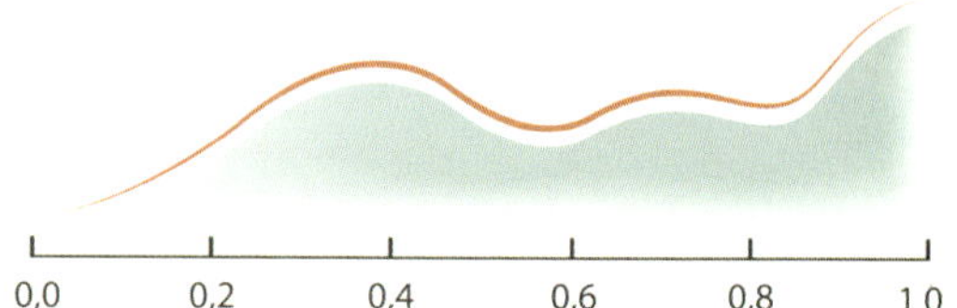


## 7.两个数据的轴线图

这是一个两个事物的对比数据图表，蓝色和黄色各代表了两个事物在相同环境下的不同数据表现。从中我们不但可以看到某个事物的变化规律和趋势，也可以看到两个数据之间的变化关系。

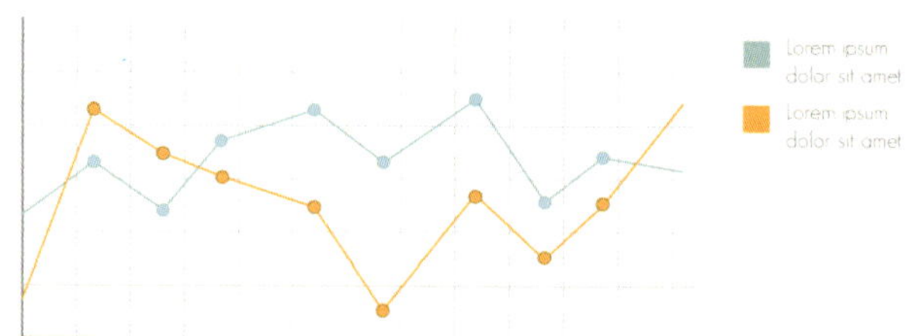


## 8.多个数据的轴线图

这是一个多个事物的轴线数据图，通过颜色区别每个个体及它们在不同时刻的数据表现。较之前面两张图有了更加多重的元素。

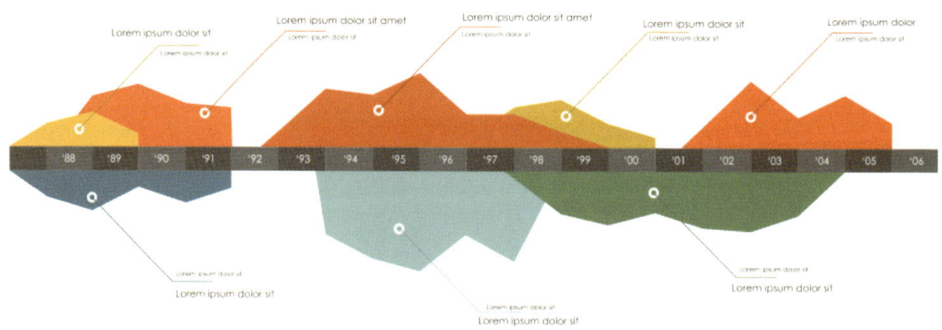

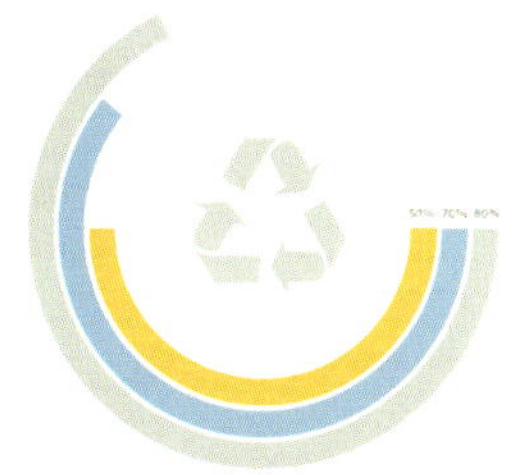

## 9.环形对比数据图表

数据对比图表并不仅限于直线，还有圆形的数据图，它代表着逻辑上的并列和包含关系，并通过长度和数值表达它们之间的差异。

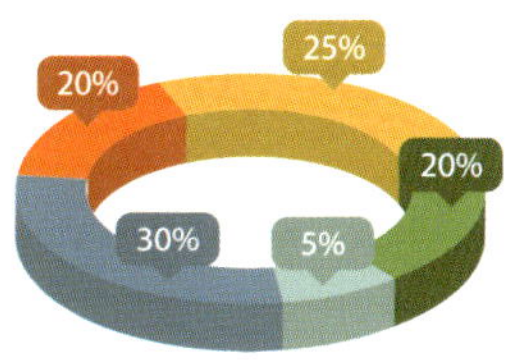


## 10.环形组合对比数据图表

这是在并列组合结构基础上的数据对比图，它含有三个基本内容：一，几个事物属于并列关系；二，它们共同构成了一个事物，是一个事物的几个并列分类；三，这几个并列事物之间有着数值的差异并明确标识这种差异的具体数字化比率。

# 三、流程型

流程也是在并列基础上的升级，它是指处于并列关系的两个或两以上的单位，它们之间具有前后的任务关系，共同拥有一个目标和方向并共同完一个完整行为，这种关系称之为流程关系。流程关系在商业运作、操作指导或是任务说明中也是很常见。

A  

## 1.两个任务的流程关系

最简单的流程就是从 A 到 B，它们是并列的、组合的、有先后顺序的关系。在流程型的逻辑表现中箭头图示是最常用的。

## 2.多个任务的流程关系

这是一个单向的渐进流程，在流程的表现中我们也可以通过色彩来区分，并且通过比例来增强表现它们的量级的对比关系。这些都是可以同时存在的，只要在节奏上处理得当，是可以不互相干扰的。

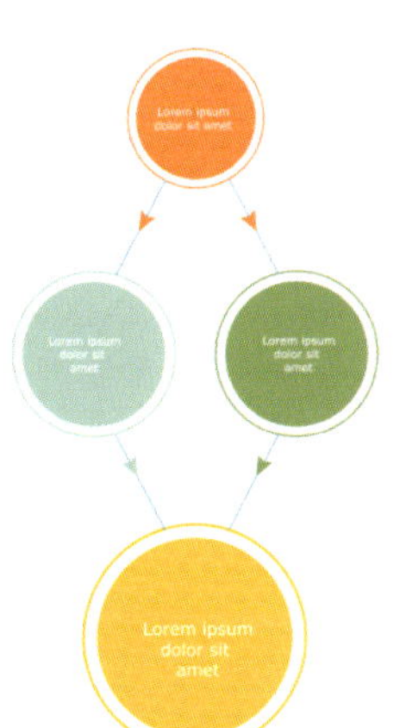


## 3.多个支线流程

流程并非都是直线型的，这是一个分流的流程图，它可以由一个事物分流向两个事物，也可以从两个事物再汇聚到一个事物。

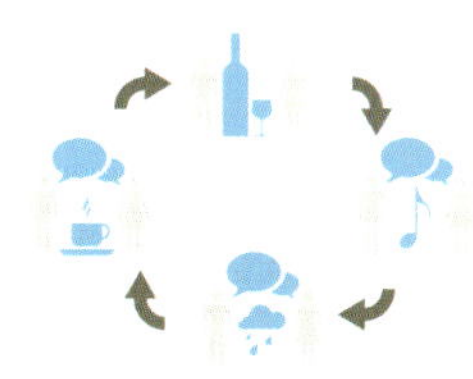

## 4.循环流程

流程是可以循环的，它可以从重复的、无限的依照某个规律在几个事物之间循环持续进行下去。正如我们的天气一样，海水蒸发变成云，云汇聚变成雨，雨又流向大海，海水继续蒸发……

## 形意结合，视觉信息两不误

数据图表在网页设计中的运用中可以关注两点：一个是主题形式与数据图表的结合，主题可以丰富图表的表现形式，图表也可以深化主题的信息表现；第二个是图表与网页交互的搭配，在信息的概括收纳以及交互执行上，图表都可以起到一定的辅助配合作用。

## 一、并列型

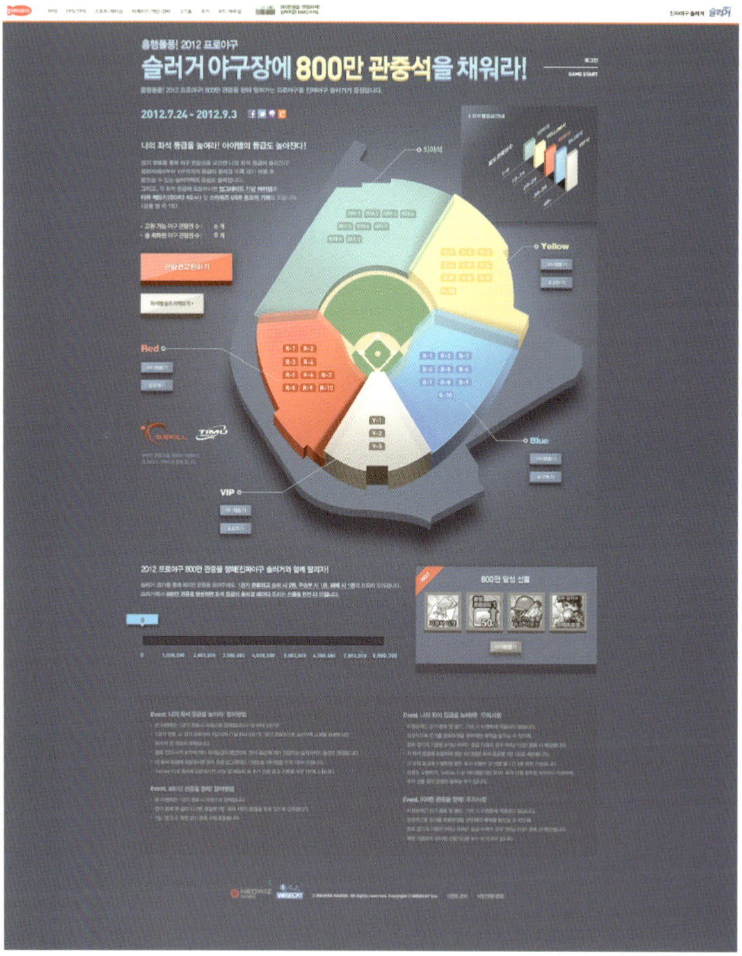

这是一个期待棒球场八百万观众席的专题页面，图中模拟观众席的主视觉对多个方阵的观众席进行了介绍。每个色块的观众席属于并列组合的关系。从图中引出的内容结合了操作按钮。信息浏览直观且交互性较好。

这是 CF 世界大站专题页，通过地图将几个分散的活动区域关联起来。几个活动区域之间是并列关系。

这个页面的主视觉是一个骷髅，它由枪支组成。这是一个半圆形的组合和并列关系。分散出来的枪支和由枪支组成的骷髅也从图形上说明了这种信息之间的并列组合关系。

## 二、对比型

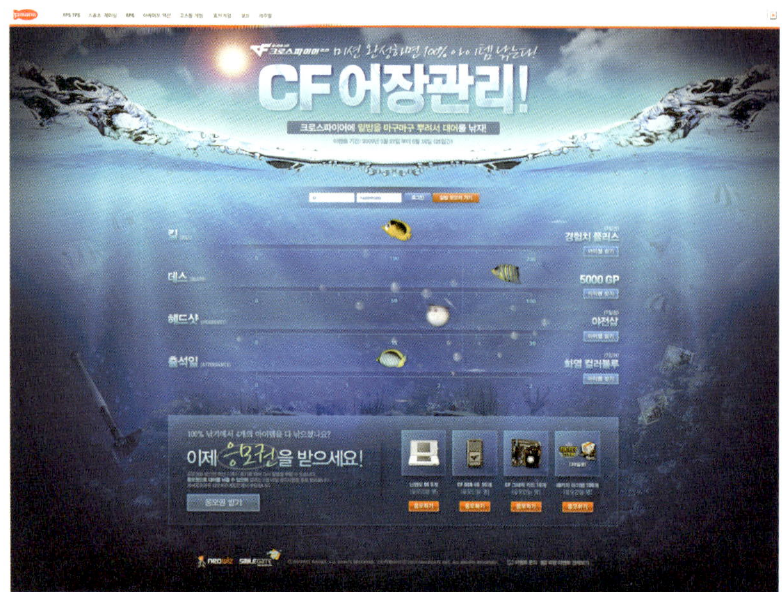


轴线是对比型常用的图形表现方式，这种基础的轴线型数据在这个页面很好地与内容结合。这是 CF 鱼场的管理页面，主视觉和内容分居水上和水下，鱼和透蓝色的数据图生动地融合在一起，既充分展现了数据，又直观展示了场景，做到了形与意的丰满结合。

EVENT 2.

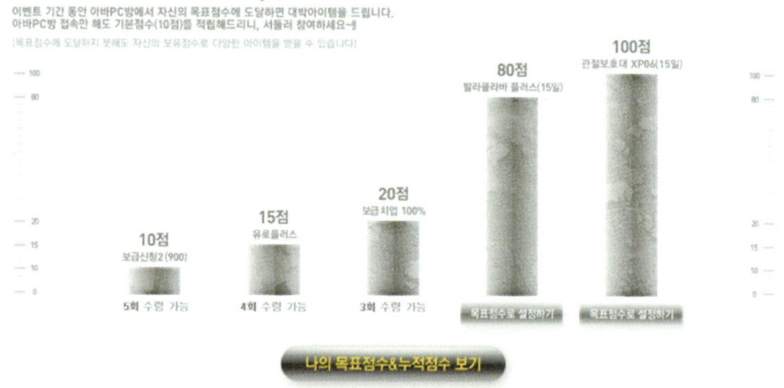


这是一个简单的柱形图表，柱状图的左右两个的指标分别是 0、10、15、20 和 80、100，这种有倾向的标注，突出强化了 100 和 80 两项，并在它们的下方增加执行按钮，将图表和执行一体化，读图操作更加连贯。

这个数据图表将数字轴线化，让浏览者直观地看到每个选项的比率。

## 三、流程型

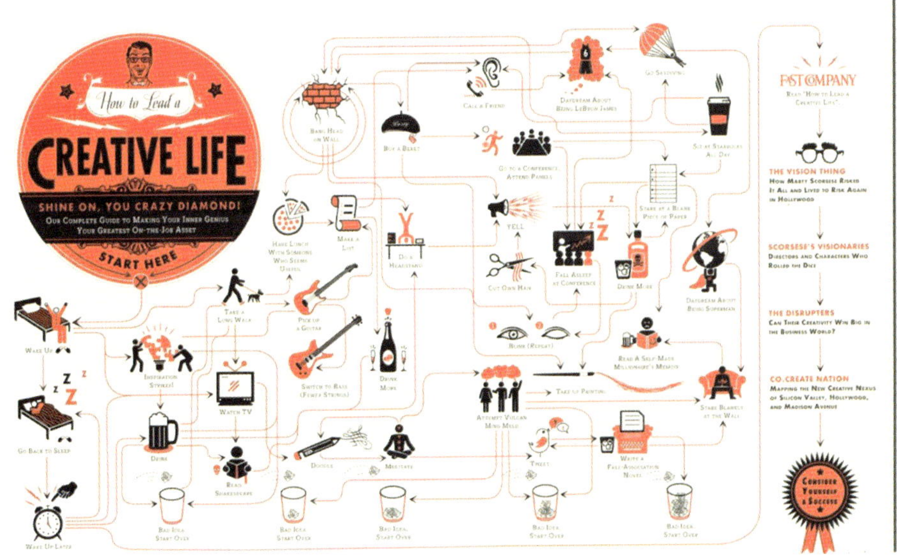


这是一个比较复杂的流程图表，它包含了多项的、分流的、汇聚的、循环的流程类型。作者将这么多的流程箭头归纳到几个有规律的方块内，内容虽多，但指向明确清晰。

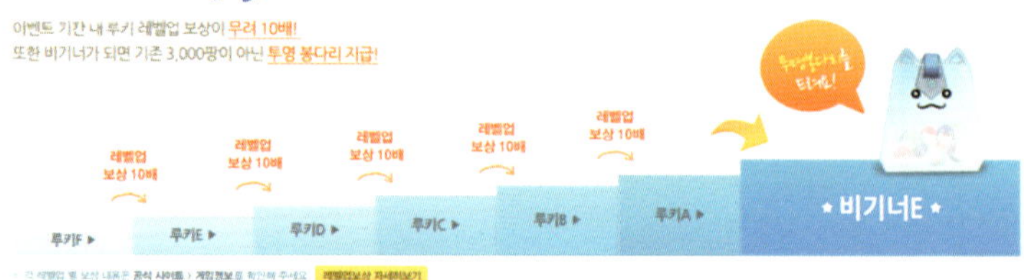


这是一个带对比属性的流程图，它们之间既有对比关系又有流程关系。由低到高、颜色由浅入深的蓝色配合橙色的箭头指示直观展示了逻辑关系。最后用蓝色大方块上的角色点睛，给目标以明确的指示，还配有橙色小气泡，整体逻辑清晰，风格亲和有爱。

这是一个活动里程表，它将多个活动通过赛道贯穿在一起，而每个活动之间有先后顺序，玩家参与时必须依照赛道指向的流程依次进行，它将形和意完整结合起来，整体形式感比较强。

## 上古世纪邮件、剑灵封测数据公布、C9 新手指引专题

对应"并列型"、"对比型"、"流程型"三种逻辑，我们分别举一个例子。在设计过程中我们可以套用各自的逻辑图表进行文字的逻辑图形化。

### 案例 1 《上古世纪》SLOGAN 内部征集邮件

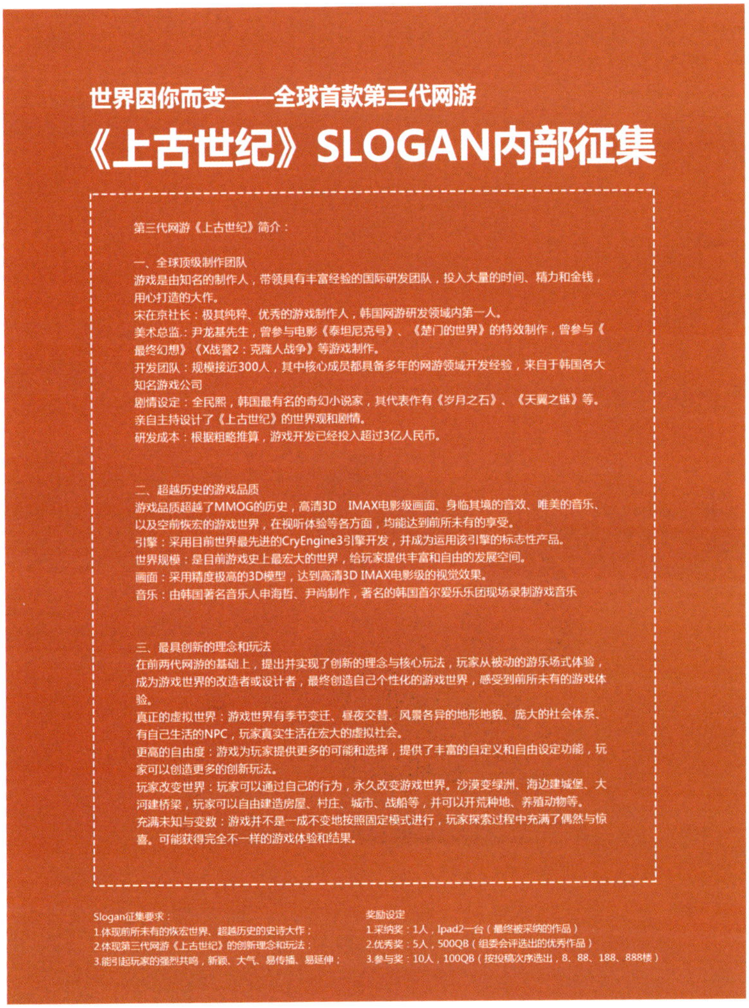

世界因你而变——全球首款第三代网游

**《上古世纪》SLOGAN内部征集**

第三代网游《上古世纪》简介：

一、全球顶级制作团队

游戏是由知名的制作人，带领具有丰富经验的国际研发团队，投入大量的时间、精力和金钱，用心打造的大作。

宋在京社长：极其纯粹、优秀的游戏制作人，韩国网游研发领域内第一人。

美术总监：尹龙基先生，曾参与电影《泰坦尼克号》、《楚门的世界》的特效制作，曾参与《最终幻想》《X战警2：克隆人战争》等游戏制作。

开发团队：规模接近300人，其中核心成员都具备多年的网游领域开发经验，来自于韩国各大知名游戏公司

剧情设定：全民熙，韩国最有名的奇幻小说家，其代表作有《岁月之石》、《天翼之链》等。亲自主持设计了《上古世纪》的世界观和剧情。

研发成本：根据粗略推算，游戏开发已经投入超过3亿人民币。

二、超越历史的游戏品质

游戏品质超越了MMOG的历史，高清3D IMAX电影级画面、身临其境的音效、唯美的音乐、以及空前恢宏的游戏世界，在视听体验等各方面，均能达到前所未有的享受。

引擎：采用目前世界最先进的CryEngine3引擎开发，并成为运用该引擎的标志性产品。

世界规模：是目前游戏史上最宏大的世界，给玩家提供丰富和自由的发展空间。

画面：采用精度极高的3D模型，达到高清3D IMAX电影级的视觉效果。

音乐：由韩国著名音乐人申海哲、尹尚制作，著名的韩国首尔爱乐乐团现场录制游戏音乐

三、最具创新的理念和玩法

在前两代网游的基础上，提出并实现了创新的理念与核心玩法，玩家从被动的游乐场式体验，成为游戏世界的改造者或设计者，最终创造自己个性化的游戏世界，感受到前所未有的游戏体验。

真正的虚拟世界：游戏世界有季节变迁、昼夜交替、风景各异的地形地貌、庞大的社会体系、有自己生活的NPC，玩家真实生活在宏大的虚拟社会。

更高的自由度：游戏为玩家提供更多的可能和选择，提供了丰富的自定义和自由设定功能，玩家可以创造更多的创新玩法。

玩家改变世界：玩家可以通过自己的行为，永久改变游戏世界。沙漠变绿洲、海边建城堡、大河建桥梁，玩家可以自由建造房屋、村庄、城市、战船等，并可以开荒种地、养殖动物等。

充满未知与变数：游戏并不是一成不变地按照固定模式进行，玩家探索过程中充满了偶然与惊喜。可能获得完全不一样的游戏体验和结果。

Slogan征集要求：

1.体现前所未有的恢宏世界、超越历史的史诗大作；

2.体现第三代网游《上古世纪》的创新理念和玩法；

3.能引起玩家的强烈共鸣，新颖、大气、易传播、易延伸；

奖励设定

1.采纳奖：1人，Ipad2一台（最终被采纳的作品）

2.优秀奖：5人，500QB（组委会评选出的优秀作品）

3.参与奖：10人，100QB（按投稿次序选出，8、88、188、888楼）

# 一、需求分析

以上图虚线框中的内容举例，这是一个长篇信息，如果直接将内容拷贝进网页，会大大降低页面整体阅读的食欲。如果我们用文字衣橱的方式进行收纳内容又太多，因为叙述性太强，比较难收纳。所以这里我们通过图形化将其进行逻辑表现，然后再配以文字说明。

并列关系是大多数逻辑关系的起源，不论是对比关系还是流程关系，它们都是在并列关系的基础上进行有侧重地描述。在这种关系基础上我们再思考它们的细分类型，比如它们是各自独立但具有同一属性的并列关系，还是共同组成一个完整体系的并列关系，亦或是一种层级递进、层层深入的并列关系。然后根据内容的需要对它进行图形化。

在这一类快速专题中，我们可以迅速套用之前方法总结里的数据图表，来快速地将长篇文字图形化。面对长篇文字的时候可以先进行文意的梳理，拉开每个段落的节奏，强化标题，并给大标题配上辅助说明文字，方便快速阅读，然后再咀嚼内容，分析它的逻辑关系。由于大部分的逻辑关系都源于并列的关系，在没有特别明显的数据对比或流程的情况下，我们都可以将其归类于并列关系，然后再把握其进一步的逻辑和主次。这个案例的梳理图较为简单，是逻辑快速套用的尝试作品。它可以在很短的时间内梳理摆布完成大篇幅的文字。当然，有人说，电影不如有声小说，有声小说不如原著，因为纯文字的书有更多的想像空间，因为每个人对信息的理解各有不同，图像化也便是设计师通过对信息理解而进行的进一步的设计表现。

有些信息是快速消费，有些信息是经典艺术。如果说无形和有形各有利弊，那就努力将自己训练成一个信息的好导演吧。

# 二、设计分解

01 全球顶级制作团队

游戏是由知名的制作人，带领具有丰富经验的国际研发团队，投入大量的时间、精力和金钱，用心打造的大作。

第一部分是对制作团队的介绍，包括三个主要人物和一个 300 人的研发团队以及 3 亿的研发成本。这里我们将这五个信息定义为并列关系。图形上突出三个主要人物，将 300 人的研发团队以虚拟人物的形式平铺在背景上，并在各自相应的位置用需求中的文字进行补充说明。这样就有了视觉的核心，阅读起来也相对有了可依附的实体，文字信息也便更形象了起来。分要点的描述也同样注重文字排布的节奏，序号、主标题、详情文字，这样的形式不论扫描阅读还是细致阅读都能满足。另外由于人类的本能，我们的眼睛对人脸是有极大的关注和兴趣的，适当的使用人脸可以增强阅读的欲望。

# 02 超越历史的游戏品质

游戏品质超越了MMOG的历史，高清3D IMAX电影级画面、身临其境的音效、唯美的音乐、以及空前恢宏的游戏世界，在视听体验等各方面，均能达到前所未有的享受。2010年GSTAR期间，《魔兽世界》首席设计师Jesse McCree、NCSoft创始人金泽辰、CJI CEO南宫勋、IMC GAMES社长金学圭先后参观试玩了《上古世纪》，并当场盛赞上古世纪的创新。

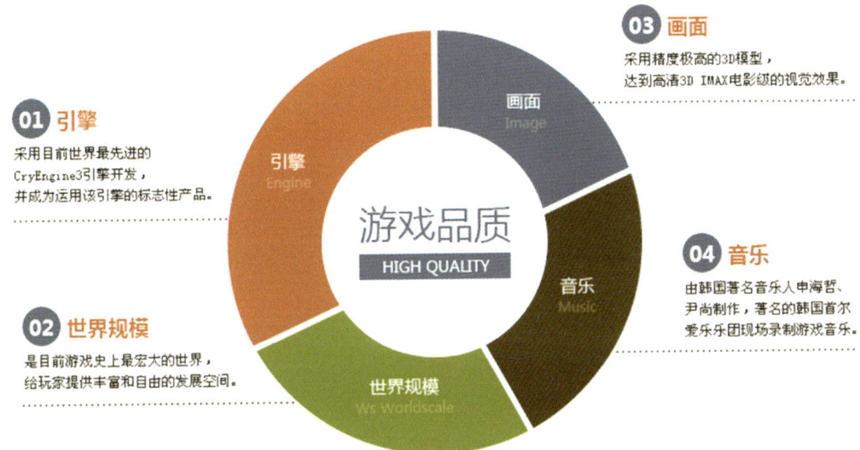


这是游戏品质介绍部分，品质、规模、引擎这样的概念我们很难用具体的图形表示它，所以这里选择了套用这个圆环饼图，表达出一种游戏品质由这四类构成的并列组合的大逻辑，有了图形的依附再深入填充具体文字，关系和内容也就一目了然了。

# 03 最具创新的理念和玩法

在前两代网游的基础上，提出并实现了创新的理念与核心玩法，玩家从被动的游乐场式体验，成为游戏世界的改造者或设计者，最终创造自己个性化的游戏世界，感受到前所未有的游戏体验。

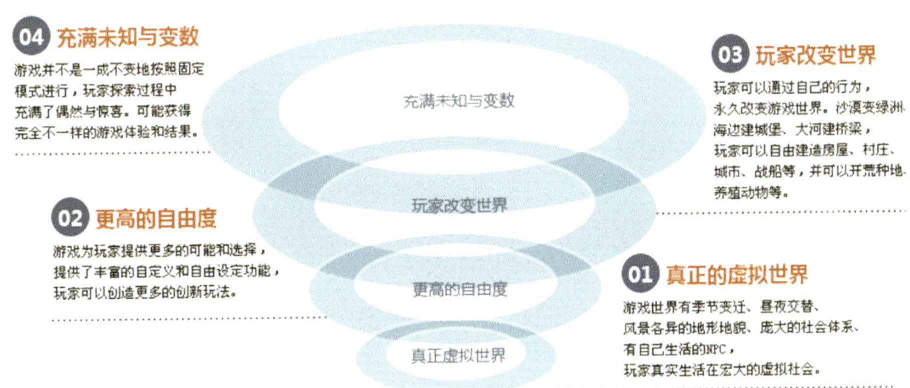


在理念和玩法部分，使用了逐层影响和扩张的并列递进的关系，用四个由小到大的环形圈来表达，从由虚拟世界引出的高度自由既而推动着玩家改变的可能性，最后产生充满未知和变数的游戏乐趣。这是在并列基础上的进一步图像化，有了这些图形，浏览者在面对大量文字时就可以相对不那么茫然和无所适从。

## 案例 2　剑灵封测数据公布

# 剑灵封测数据公布

**1　各职业谁最先到达顶级的玩家（分职业）**

小鳥遊十花　剑士　2012-12-29 06:10:17.247
胡子拉擦、小妞　拳师　2012-12-29 06:30:30.947
F、尐宮富丨灬　气功师　2012-12-29 06:47:01.763
、帝痕　力士　2012-12-29 06:47:39.967
爸爸说网名很长很帅气、　召唤师　2012-12-29 09:05:31.697
洪門、猴子　刺客　2012-12-29 06:17:24.850

**2　封测在线时间最长的玩家（分职业，单位秒）**

墨纤雪　剑士　1926477
叶筱彬、　拳师　1946840
一口井　气功师　1839871
天狐　力士　2667626
落璃　召唤师　1683682
幽熵之往生　刺客　1936441

**3　被3大BOSS击杀最多的是哪个玩家（分职业）**

忽雷：
小尘　剑士　22
大斌小将　拳师　22
Tank　气功师　27
被嫌弃的秋叶、　力士　19
缘缘　召唤师　22
神行太保　刺客　25

炎煌：
破苍神兵　剑士　34
熙瓏　拳师　41
邻家小妹　气功师　28
蓝炎灬　力士　29
、小默默　召唤师　21
5173少俊　刺客　26

火炮兰：
因幡白兔　剑士　73
简单偶　拳师　89
一口井　气功师　99
批发切糕　力士　51
AOL、佘橙　召唤师　98
East虚空　刺客　98

**4　忽雷、炎煌、火炮兰击杀玩家数**

忽雷：15149
炎煌：12566
火炮兰：9933

**5　单个玩家死亡次数：**

139

**最多玩家死亡次数：**

1094

**6　玩家平均时装数：**

15件

## 一、需求分析

这是一个剑灵封测数据，希望能够通过相对有爱的表达方式为玩家展示测试结果。由于公布日期正值年终，所以整体数据的包装则依附于"公布年终考核"这样一个形式概念。玩过游戏的玩家都知道"洪七公"是洪门的师傅，所以网页使用洪七公的形象来贯穿整个表现。

## 二、设计分解

我们查看整体的文字信息，主要是对玩家在测试中的数据进行对比和公示。所以我们选择对比的结构进行图表化，下面我们针对每一块的数据内容进行分析设计。

### 1.各职业谁最先到达顶级的玩家

| | | |
|---|---|---|
| 小鳥遊十花 | 剑士 | 2012-12-29 06:10:17.247 |
| 胡子拉擦、小妞 | 拳师 | 2012-12-29 06:30:30.947 |
| F、尐竇竇丨.... | 气功师 | 2012-12-29 06:47:01.763 |
| 、帝痕 | 力士 | 2012-12-29 06:47:39.967 |
| 爸爸说网名很长很帅气 | 召唤师 | 2012-12-29 09:05:31.697 |
| 洪門、猴子 | 刺客 | 2012-12-29 06:17:24.850 |

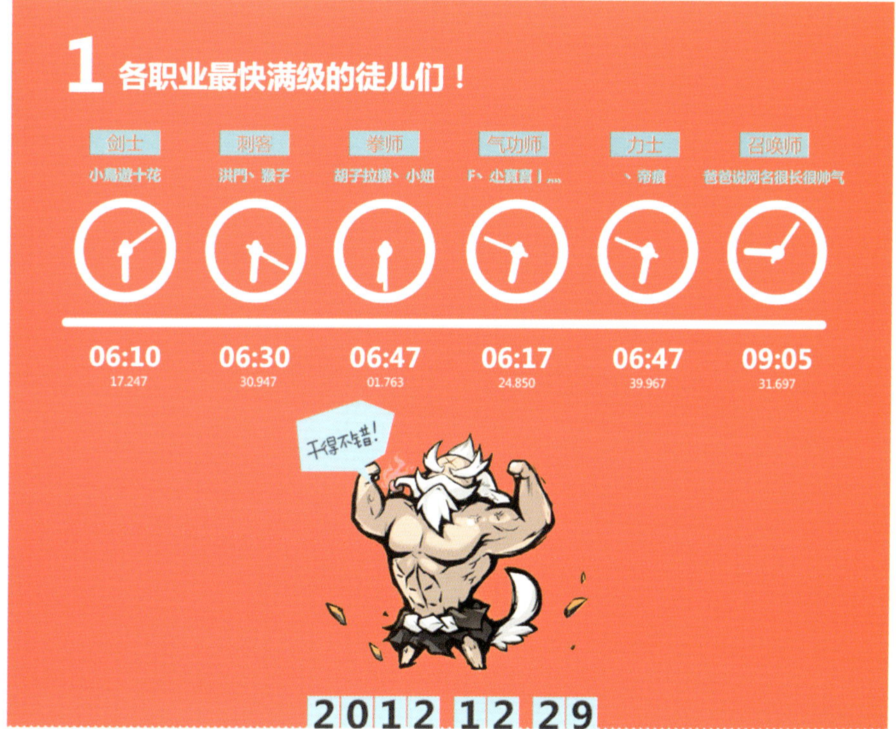


从提供的数据来看，第一部分的数据主要展示了不同职业最快满级玩家的时间点，由于大家满级的日期是同一天，所以我们用小时和分钟为单位来描述它，通过时钟表现时间，依照时间的先后从左至右依次排列。在时间表的下方匹配了洪七公搞笑表情。弹出的小对话框中加入"干得不错"的字样，为视觉增添了有爱的气氛。

## 2.在线时间最长的徒儿们

| 墨纤雪 | 剑士 | 1926477 |
|---|---|---|
| 叶筱彬 | 拳师 | 1946840 |
| 一口井 | 气功师 | 1839871 |
| 天狐 | 力士 | 2667626 |
| 落璃 | 召唤师 | 1683682 |
| 幽嫣之往生 | 刺客 | 1936441 |

第二部分的数据是展示在线时间的长短，因为时间的直接联想是钟表，所以在第二部分的数据图形化中，我们使用了环形数据对比的模板，因为也正好契合了圆形的时间表现方式，通过弧线的长短来模拟在线的时间长短。在圆形图表的中央置入洪七公师傅摸头的小插画，边上配以"努力的孩子"的文字，将数据的含义进行了拟人化的点睛。

## 3.被3大BOSS击杀最多的徒儿和击杀总数

【被 3 大 BOSS 击杀最多的是哪个玩家】

忽雷：

| 小尘 | 剑士 | 22 |
|---|---|---|
| 大斌小将 | 拳师 | 22 |
| Tank | 气功师 | 27 |
| 被嫌弃的秋叶 | 力士 | 19 |
| 缘缘 | 召唤师 | 22 |
| 神行太保 | 刺客 | 25 |

炎煌：

| 破苍神兵 | 剑士 | 34 |
|---|---|---|
| 熙瓏 | 拳师 | 41 |
| 邻家小妹 | 气功师 | 28 |
| 蓝炎灬 | 力士 | 29 |
| 丶小默默 | 召唤师 | 21 |
| 5173 少俊 | 刺客 | 26 |

火炮兰：

| 因幡白兔 | 剑士 | 73 |
|---|---|---|
| 简单偶 | 拳师 | 89 |
| 一口井 | 气功师 | 99 |
| 批发切糕 | 力士 | 51 |
| AOL 尒橙 | 召唤师 | 98 |
| East 虚空 | 刺客 | 98 |

【忽雷、炎煌、火炮兰击杀玩家数】

忽雷：　15149

炎煌：　12566

火炮兰：9933

【单个玩家死亡次数】：139

【最多玩家死亡次数】：1094

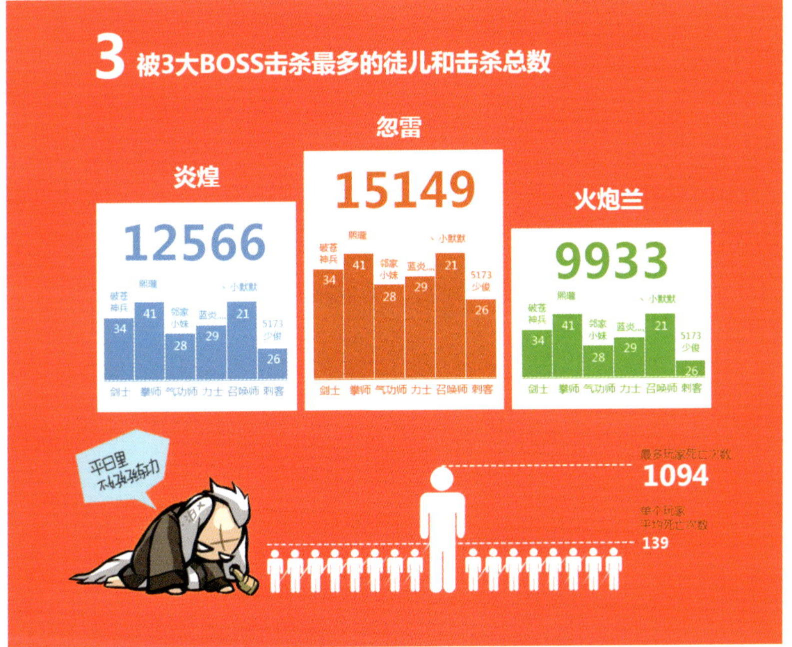


由于同是 BOSS 击杀的数据，所以我们将 3、4、5 三个板块的信息进行了整合。使用了同类数据多层属性的对比模式图形模板，将细分的最高击杀数和击杀总数进行了整合表现。单个玩家的平均死亡次数和最高死亡次数通过人形的大小进行表示。右侧配合洪七公倒地的插图，附上对话“平日里不好好练功”，暗喻着今天被杀的惨状。

## 4.玩家平均时装数

玩家平均时装数：15 件

**4 玩家平均时装数**

第四部分的设计比较简单直接，用一件衣服剪影来表示时装，并使用大字号标识"15 件"强化数字，通过洪七公右侧的服装展示和左侧的配合文字"衣服倒是有不少啊！"或者"你们都是爱美的货"等等来补充说明，又将整体气氛有爱化。

## 三、页面展示

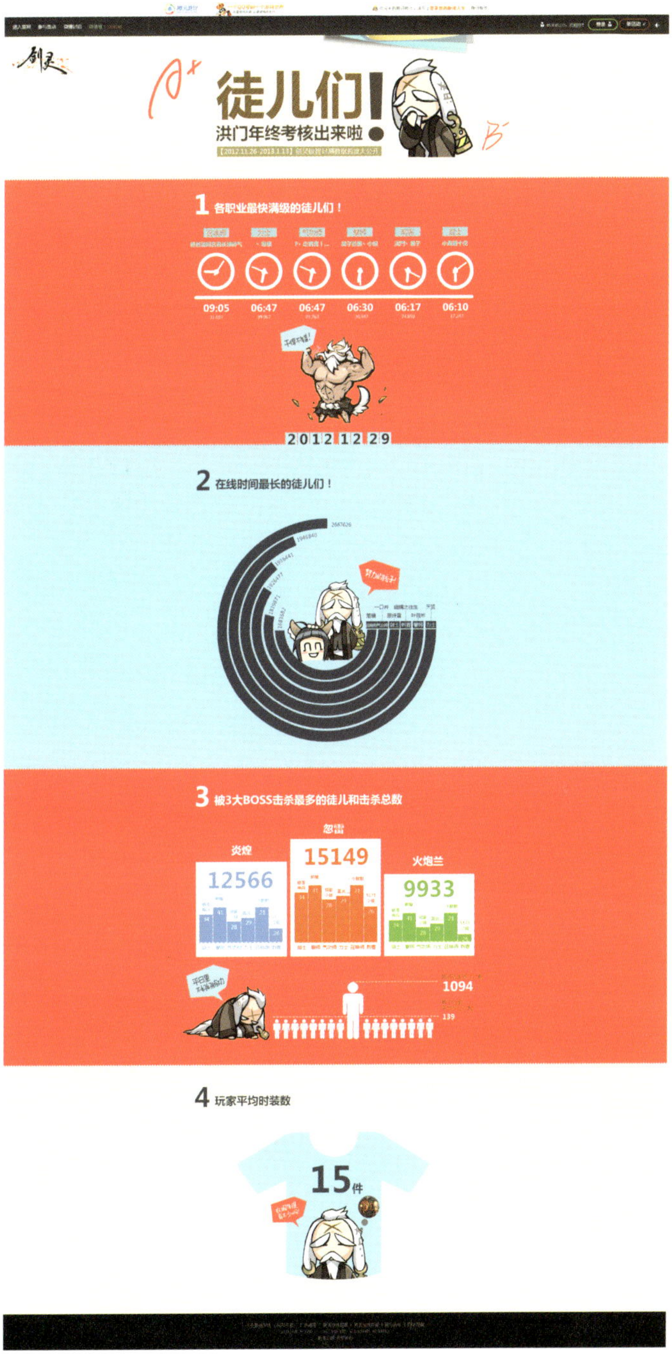

剑灵

徒儿们！

洪门年终考核出来啦

A⁺ B⁻

1 各职业最快满级的徒儿们！

09:05 06:47 06:47 06:30 06:17 06:10

2012 12 29

2 在线时间最长的徒儿们！

3 被3大BOSS击杀最多的徒儿和击杀总数

炎煌 12566

忽雷 15149

火炮兰 9933

1094

139

4 玩家平均时装数

## 案例 3 C9 新手指引专题

新手指引

什么是C9 | 怎么玩C9 | 如何快速上手

1.完成新手五步

[注册账号] [下载安装] [进入游戏] [创建角色] [开始任务]

2.学会基本操作，了解界面说明

3.学习使用F1帮助

4.记住简单连击

5.组队副本升级快 [如何组队]

6.勤快做任务 [查看任务系统]

7.学习技能、完成转职

8.连击动作多练习

战士连招　萨满连招　猎人连招

这是 C9 新手指南的"如何快速上手"的介绍页面。主要由 8 个内容组成，这些内容之间有先后顺序关系，具体的内容通过点击跳转到相应的页面。根据内容的关系，我们可以将其设计成流程关系的图表。

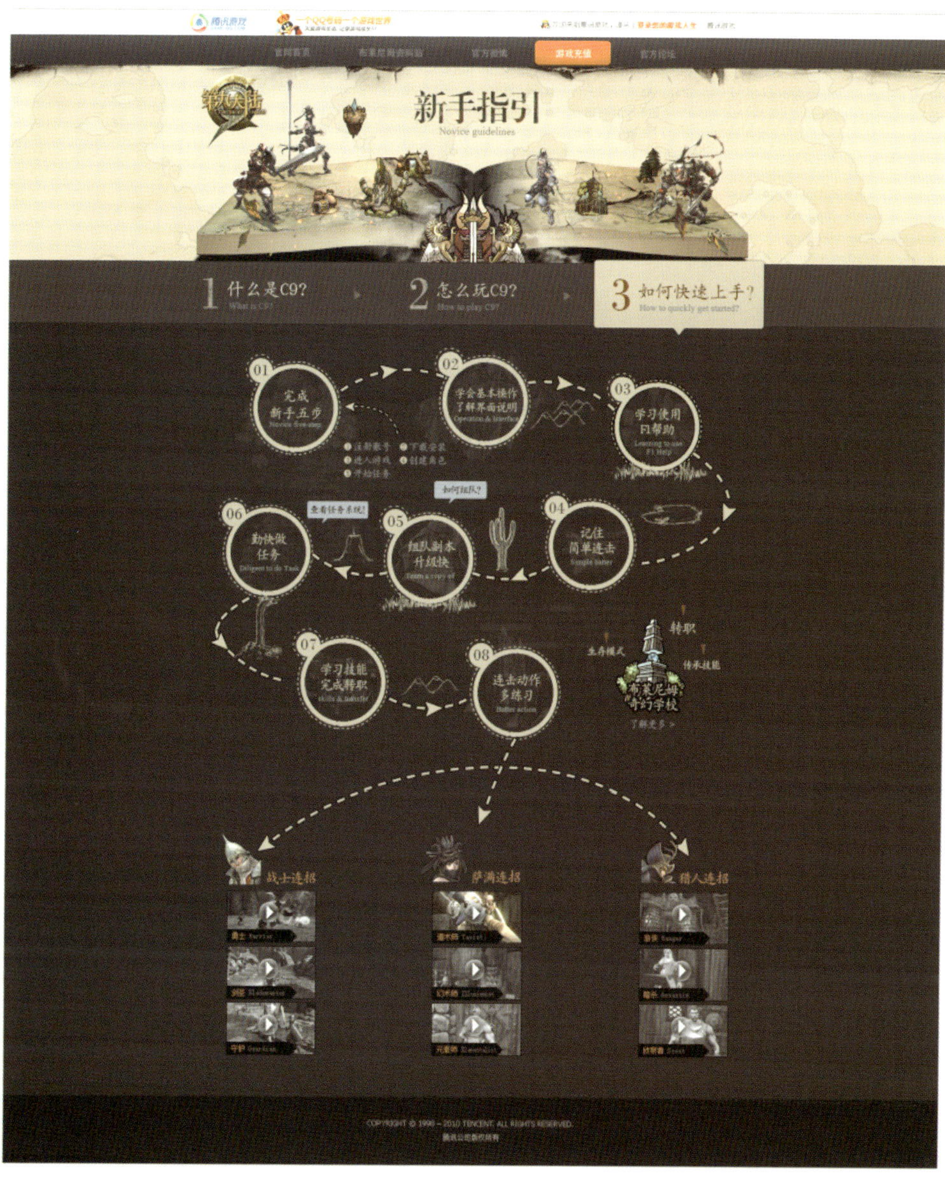


这个案例比较直观，在这里我们仅做一下简要的分享。

这里我们将流程图表设定为地图的样式，每个步骤作为一个任务，点击区域和流程感觉更加鲜明，并加入了地图样式的手绘，为阅读过程增添了游戏性，整体视觉和交互的趣味性也优于纯文字的流程表现。

# 10
# 钉钉铆铆

你是否曾面对着苦等到手的淘宝衣衣欲哭无泪？上身效果不佳，不是我们身材不好，脸蛋不美，而是我们少了它们！就是这些小小的装饰将这件衣衣称托出自己的韵味。好花还需绿叶衬，即使是钉钉铆铆也是同样重要！

## 网页中的小装饰

钉钉铆铆指的是网页设计中的小装饰，它并非主体的形式感或者大的 UI，而是网页设计中非主体的装饰，比如一个小图标、或者一些小修饰，正如服饰搭配中的一整套行头，钉钉铆铆则是这套行头中的小手饰、小链子等，这些看起来可有可无的小装饰实实在在地衬托出了主体的服饰的个性与味道。

有这样一个邪恶的传说：

很久很久以前，一个姑娘的照片不好看只能证明她长得不好看。而现在，一个姑娘的照片不好看至少能证明三件事：第一，她长得不好看（天资一般）；第二，她不大会或者不大爱打扮自己（活得不太讲究）；第三，她也不大玩儿得转 PS（怕也不是个心灵手巧的）。

所以作为姑娘懂得打扮和搭配很重要，搭配好了，老人的衣服上身也能穿出复古的韵味。

换个角度说，对于设计上"装修"也是一样的。轻装修，重装饰，这原本是一句家装消费观念，原意是指装修重点要在陈设装饰上下功夫。这种方式一方面是容易适应时代的审美变化，便于更新，另一方面也容易体现房子主人的小小个性。

言归正传，做为一个网页设计师，我们与其抱怨素材太惨淡，不如多投入点时间为网页和素材做点小装饰、小搭配，毕竟天资过人是爹娘说了算，活得讲究则是自己的态度。

下面我们一起来看看网页设计中，这些可以为我们加分的"钉钉铆铆"的小装饰，做一个讲究的设计师。

## 小图标、小序号、小字、小手绘

我们将网页中的这些常用小装饰整理成四个类别：小图标、小序号、小字、小手绘，也许当我们浏览一个页面时很难关注到它们，但这些小的装饰点却在视觉潜意识里为整体页面的易用性、舒适性、节奏感和亲切度默默加分。

# 一、小图标

## 1.图标的分类

图标是指对操作功能或对事物主题的图形表现，在网页设计中图标一般分为抽像和具像两类。

### （1）抽像的行为图标

这一类是诠释计算机系统操作功能的图标，我们通常称之为 ICO，系统包括 PC 系统和手机、平板电脑等系统，操作包括系统操作和拓展的网购、聊天、游戏等相关的应用系统操作，这类图标通常是对行为和状态的概括，表现的内容相对抽象，所以有一套相对标准的图标规范，如放大、缩小、锁定、收邮件、登录用户等，经过长期的操作培养，用户可以逐渐掌握并快速识别。

### （2）具像的物品图标

这一类是描述具体事物的图标，这类图标通常根据描述的内容而定，表现上相对抽象图标比较容易识别，所以没有统一的规范，风格表现也比较多样化。它通常是一些现实中的奖励物品或是游戏里的道具图标等。

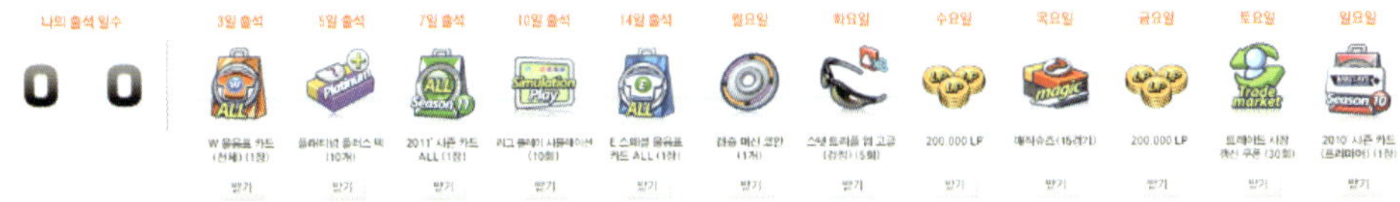

## 2.使用图标的好处

### （1）方便快速浏览

文字本是视觉语言的二次翻译，而图形则是视觉的直译，所以扫描图标自然比扫描文字显得更加轻松。用户一方面可以直接通过扫描图标来获取大致的信息，另一方面也可以所见即所得地进行步骤的操作。不论是浏览还是交互操作都更加方便。

**（2）简化文字说明**

对于常用的功能或者主题图标可以为我们收纳或省去一定量的文字说明，让排版的自由度更高，版面视觉更直观上档次。

**（3）增强版块节奏感和舒适度**

图形和文字的搭配可以降低阅读的疲劳感，也增强了图文结合的设计节奏感。

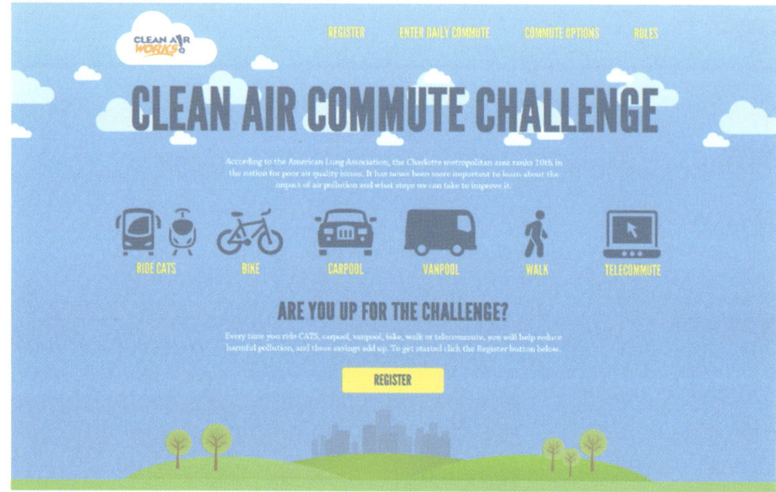


公共交通、自行车、拼车、班车、步行、远程办公，这六个图标直接点明了页面的主题，这是一个净化空气的环保专题，这里用图标展示了推荐的六种不同出行方式。图标的使用让画面直观醒目并且有趣，通过扫描图片就能获得大意，交互操作也更加直接方便。

这是一个食物制作分享的网站，页面的大视觉很简洁，而画面中的几处手绘则是这个页面的小亮点。手绘让人联想到手作，它不同于流程化的工业产品，手绘的表达让它更具个性和亲和力，有了亲自动手的感受。

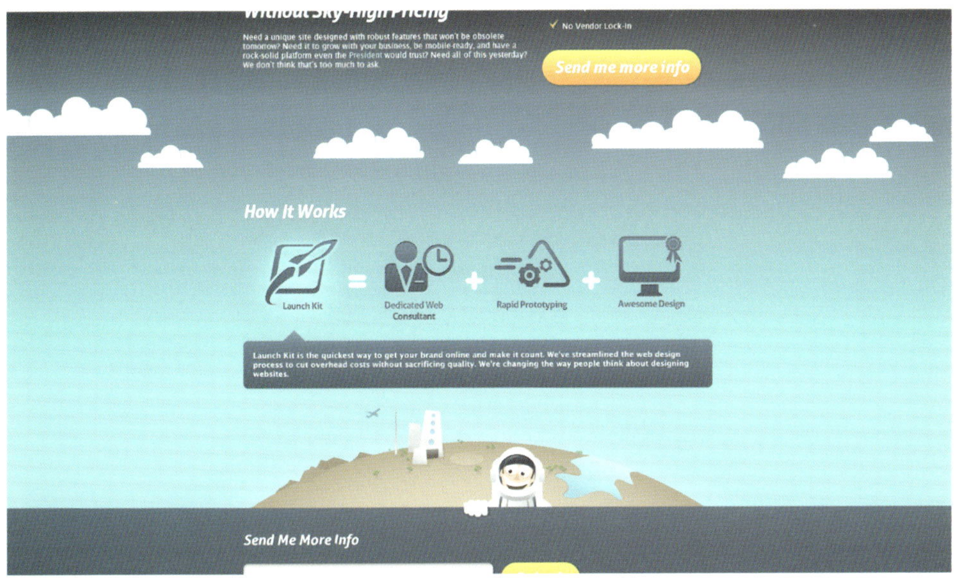


在看到这个页面时，我们不由自主地就注意到了视觉中心的四个图标，如果没有这四个图标仅是文字表达的话，相信画面的吸引力就会减弱许多，这四个图标配以计算公式的大意是：产品专业性 = 专业的网络顾问 + 快速的原型制造 + 优秀的设计师。每个图标下方，通过鼠标触发匹配的图标文字介绍，让信息和交互形式相互配合，既呈现了更详尽的内容也做到了精简的收纳。在图片与文字排版的节奏感上也表现良好。小图标的装饰起到了不小的作用。

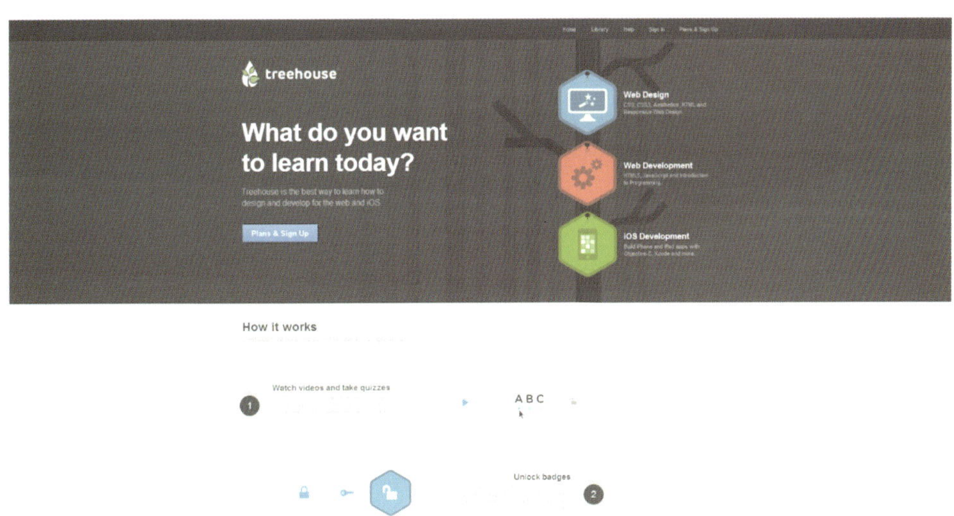


这里用蓝、红、绿三种颜色设定了三个不同的功能图标，让灰色调的页面顿时响亮了起来。显示器中的魔术棒代表了视觉设计、齿轮代表了系统开发、手机代表了手机系统的开发。图标和解释文字的排版节奏感很强，图标点亮了整体视觉。

这里的图标是游戏物品的展示，熟悉游戏的玩家查看物品更加方便直观。大图片、小文字、操作按钮，三者结合流畅，条理清晰，视觉节奏感良好。

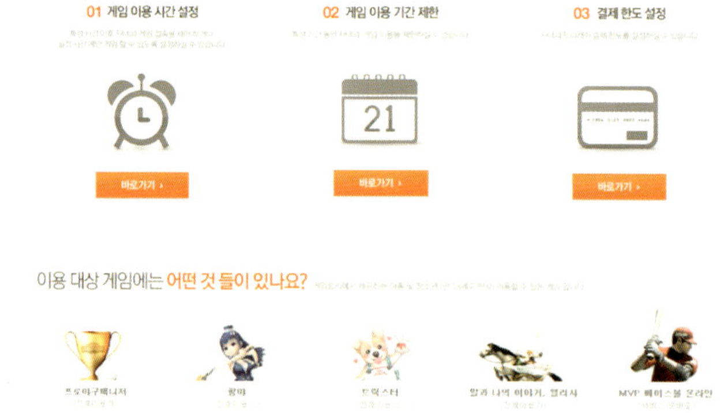


在这个网页里，既有通用的 ICO 也有实物的小图标，用 ICO 通常是解释操作或者事件，所以表现上更加简洁抽象，实物的小图标相对更加具体，表现也相对具像。不同的表现形式也贴合了不同的内容。

# 二、小序号

序号就是指顺序的号码，在文字衣橱中我们也有提及，序号通常是阿拉伯数字 1、2、3、4……，或者是中文一、二、三、四等，由于字体和功能的独特性，不论在字形还是位置都与正文有所区别。所以序号的设计可以增强信息排版的节奏感。另外由于它功能的独特性，设计中经常将其做为一个小图标来设计，表现形式也多种多样，在满足分类分段功能的同时又增强了整体的趣味性和设计感。下面我们来具体分析一下序号的四个功效。

## 1.阅读顺序引导

基于最原始的功能需求，序号具有引导阅读顺序的功能，在它的牵引下，我们的排版可以更加灵活，不受环境的限制，因为序号最终会帮助我们在混乱的形式中寻找到阅读的轨迹。下面我们针对几种排版布局来看看序号在其中的作用。

### （1）布局无规律的排版

视觉的美感通常起于它的功能性，引导阅读和段落标记是序号很重要的功能。

引导阅读是序号的本职工作，特别是当我们的排版规律不那么明显时，这种相对无规律的可遵循的信息排布，序列号和曲线的指引为阅读起到了很强的指引作用。

### （2）综合排版、顺序不明的排版

先左右后上下，还是先上下后左右？如果没有序号的指引，可能我们需要花更大的气力来解决阅读顺序的问题。添加了序号，我们很明确地看出，左下图是先左右后上下、右下图是先上下后左右的阅读顺序。

## 2.快速阅读

1、2、3如同地图坐标一样，我们很容易通过扫描找到与之对应的主标题并快速获得关键信息。

1、2、3的标识也可以如同记号一般让用户在大量的文字和信息阅读过程中拥有停顿休息，并从这个记忆点继续出发。标记点的设定，也可以减轻信息阅读恐惧。

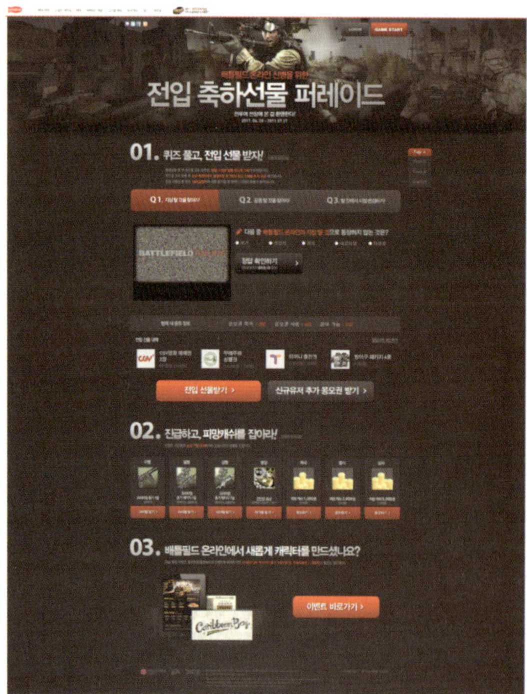


这个页面虽然排版工整，但是内容形式多样，这个页面如果没有01、02、03的指引，用户在阅读时一定会多犹豫几秒来梳理关系。

### 3.增强节奏感

放大标题中的1、2、3，使其与详细说明文字形成了明显的大小对比，在排版形式上增强了信息展示的节奏感。

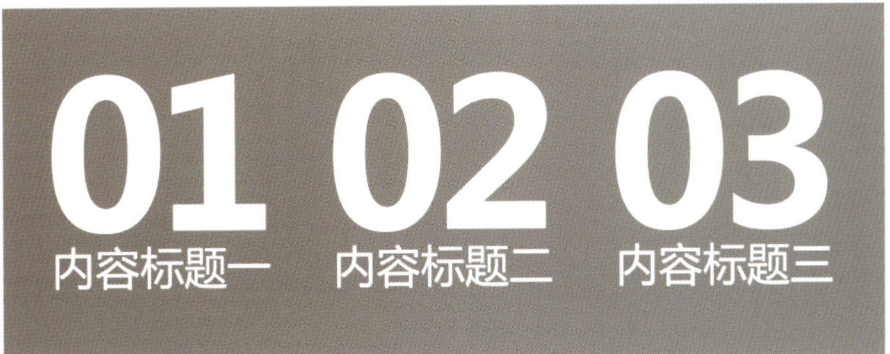

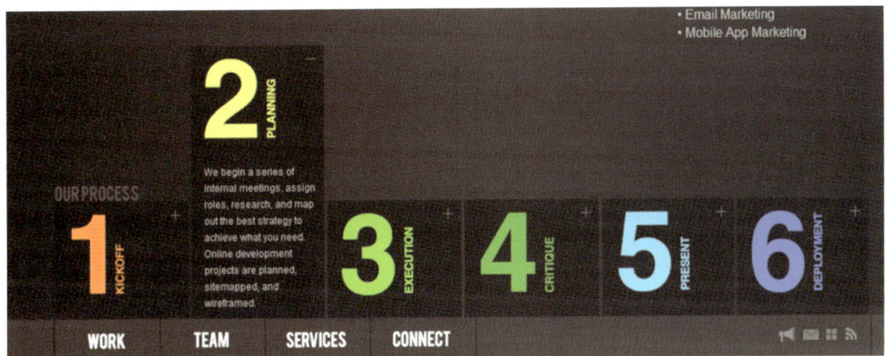

## 4.图片装饰效果

由于序号的特殊功能，设计上较其他内容也有更强的独立性，所以我们可以根据主题内容尝试将其设计成不同的形态，让它成为页面中的装饰纽扣，增加页面的小看点，也让页面细节更精彩。

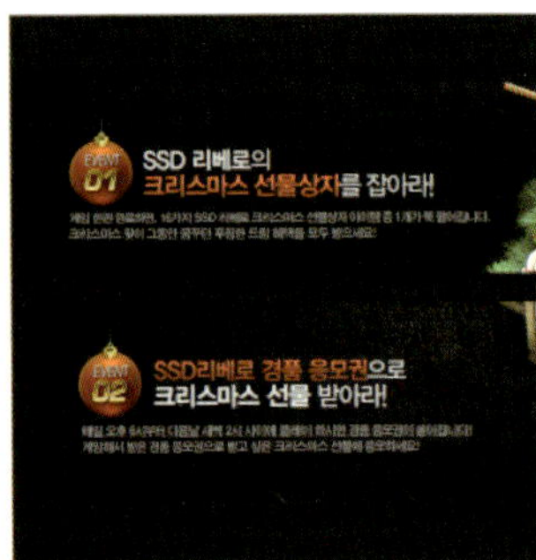


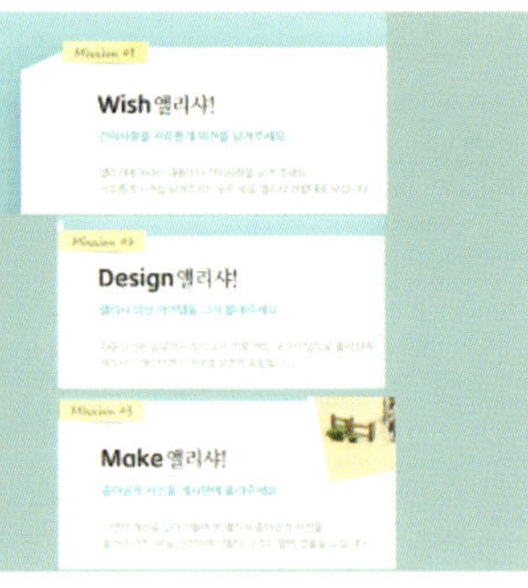

## 三、小字

小字是因为大字而存在的。在设计上，它利用小的点缀产生与大字之间的节奏感，并对大形式进行修补；在功能上，小字是文意的补充，也可以说是属于锦上添花的类型，它可以是中文也可以是英文，通常表现为一段小字，或者是一两个小单词。

**小字的四个好处：**

- 增强节奏感：大字小字，粗磅细磅的配合，让文字的排版设计更有节奏感。
- 增强视觉精度：正如"1像素"的作用，能够瞬间让用户感到拥有较高精度和品质感的错觉，当然如果在内容上更加斟酌就不是错觉啦！这里说的是讨巧的好办法，小字在这里是作为细节而存在的，让画面的细节也有看点。
- 空位补形：小字可以填补排版上的不工整或者因设计需要而有意留下的错位。
- 文意补充：除了装饰的作用，小字当然也需要有一定实用的功效。它可以作为辅助说明而存在，可以作为副标题或第三级补充标题。

**小字使用的注意事项和讨巧办法：**

- 英文小字注意拼写的准确性：由于英文的国际化，英文小字在加强排版节奏感的同时也可以给整体视觉带来一些国际范儿，虽然是一些锦上添花的装饰，但拼写的准确性也很重要。如果自身的英文水平和翻译软件无法满足准确性，而身边又没有专业的英文翻译的话，可以有两个办法：一是将翻译的内容集中在一两个单词上，这样出错率会比较低；二是将长篇的文字缩小到不可识别范围内，让文字主要起节奏修饰的作用。
- 中文小字注意中文的识别度：小字用于正文，主要针对那些文字体量较多的内容。可以通过内容小字、标题大字表现文字的节奏感，这类型的小字是有比较强的功能性的，所以一定要在可识别的范围内，最小不要低于12号字。

## 1.英文单词装饰

### 国际范儿

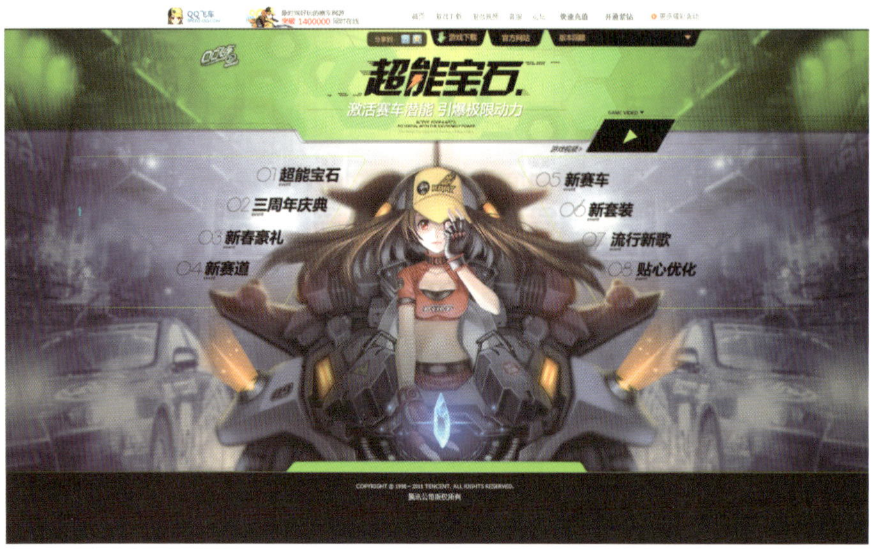


这是一个中文页面，但整体视觉却充满了国际范儿，除了良好的设计形式感，它在文字大小和字体粗细的节奏把握上也有很好的控制力，英文小字的使用给整体细节添加了几分视觉的看点。

### 空位填补

这个设计里不单有英文单词，在主 SLOGAN 下面还有一段小字英文。虽然识别度比较弱，但为视觉添加了几分现代、时尚的氛围。也比较贴合飞车的整体视觉倾向。

## 2.中文小字装饰

这是一段英文大字与中文小字的配合。这里的小字是游戏故事的开始，重要等级相对较低，但在装饰的意义上也尽量保证了文字的可识别度。

虽然这个页面里没有图形和质感的表现，但是文字的节奏感让整体视觉简洁大气。这里小字的字号也用了 12 号字保证了识别性，标题和大标题字号层次明晰，阅读性好。

# 四、小手绘

手绘可以消除一些工业化的冰冷感受，在许多活动专题中，为了拉近与用户的距离，产生一定的亲切感，许多不同性质的题材都会使用或点缀一些手绘装饰。它包括文字手绘、人物手绘、图形标识手绘等等，我们一起来看看。

## 1.文字手绘

一些手绘风格的排版设计能够让内容表达更加亲近，拉近设计者和浏览者的距离，就像朋友间面对面的交流一般。

## 2.人物手绘和有爱化表现

人物的有爱化是指利用人物夸张的表现和动态，可以拉近观者和产品之间的距离，通常我们会使用手绘为其添加一些小表情，或者将其渲染成真人漫画。当然素材本身的表情姿势给人的故事感受也很重要。

## 3.装饰对话手绘

小气泡也是常用的有爱小提示，它可以是正文信息的补充，也可以是专题气氛的小表述。正如左下图，从上到下的三个小气泡分别的意思是“嘿嘿”、“我们再努力点”、“我们还有取胜的可能”，对于正文的内容来说可能属于可有可无的信息，但却为整体的气氛表达增添了几分情趣。

## 4.内容标识手绘

大段的文字通常会有一些关键的字眼，我们可以选择日常阅读时对重点标识的方式进行设计，不规则的下划线、箭头、画圈、打红星等等，这些小涂鸦的使用也能让我们的页面充满小精彩。

## 剑灵新年专题

下面我们拿一个几近成稿的页面做一些细节上的添加和调整。让这些小图标、小序号、小有爱在细节对页面进行装饰，体会细处的别样精彩。

## 案例 剑灵新年专题

在确定大布局之后，我们可以对一些内容细节进行调整细化，拉开文字节奏，为一些特定的常用功能配置图标，加入一些小有爱的体验，让用户阅读起来更快捷，使用更愉快。

### 1.通用的小ICO

用显示器图标表现电脑壁纸，用手机图标表示手机壁纸，图标让信息呈现更加直接。

### 2.小字的节奏感

利用大小字的对比，让整体节奏感更强。首先放大主 SLOGAN，突出 COMING，将"迎新春、送祝福、拿灵值"做为二级标题，缩小字号，利用黄底样式，拉开二者的表现，然后加入 HAPPY NEW YEAR 做为小字装饰，三层节奏良好舒适。

## 3.有爱的小提示

当鼠标经过圆形按钮时，弹出手写体的文字，内容轻松亲切："听说 2.14 灵值有双倍喔！"就像好朋友在耳边悄悄告诉你一般，手写体的配合也是合适的，这种小提示不像正文 SLOG 那么官方（如"享祝福，送灵值"之类的），形式和语言更加生活化，也给画面和体验增添了一些小情趣。

# 页面展示

这些小图标和小有爱的加入让网页在细处也有精彩，细节的完美表现，也能让用户感受到体验的愉快和有爱。

# 附录

# 一个视觉设计师的职业世界观
## ——关于商业视觉设计师的自我定位

做为一个设计师，我们并不需要成为一个策划人，但如果我们了解我们所经历的这些事，它们是从哪里来到哪里去，或许我们能够在自己这个环节上做得更好。这便是本文要说的一个视觉设计师的基本职业世界观。

这篇文章无关乎视觉美丑，无关乎技法表现，它不能让我们的作品变得漂亮，却能让我们的设计精准有效。作为商业团队中的一个成员，在完成一件商业作品时，明确自己和产品的定位是十分关键的，它直接影响到设计作品的准确性。只有准确了解了这两个定位，我们才能繁杂的职业中认识人群中的自己，并让我们的作品正真为产品提供帮助。

## 一、自我定位

### 1.我是谁？

首先是自我定位。我是谁，我是来做什么的呢？这两个问题直接影响到我们之后的行为目标，目标的指向越明确，我们的行为才越有效。如果将网页设计师的成长分为三个阶段。从第一次接触设计工作到逐渐开始理解设计、理解产品，并最终成为一个相对成熟的网页设计师，我们可以如何定义这三个过程中的自己。

**第一阶段：我是一个艺术设计者**

在从事设计这个职业前，我们也许在学校都受过正规或非正规的平面设计和艺术理论的训练。待到进入工作岗位后，我们都急切希望能够展现自己的特点，并将先前之所学所见应用于工作中并证明自己。所以许多刚入职的设计师，通常本着自我证明的目标来从事手上的工作，希望能通过良好的视觉表现来证明自己的工作能力。然而广义的艺术理论及视觉表现与狭义的独特商品视觉包装并不太可能恰好合拍，也许我们展示了艺术性的视觉，但却与产品毫无关系。

**第二阶段：我是一个翻译者**

在无数次的飞机稿过后，我们开始思考，并希望能做一些真正有效的东西。我们开始试图理解文案信息，并通过图形将信息翻译出来。这时候的我们认为自己是一个产品信息的视觉翻译者。然而文案的翻译正如机械的翻译软件一般，它是生硬的、不易懂的、不够人性的。

**第三阶段：我是一个传达者**

渐渐的我们发现，如果只将视角限定在眼前的几个信息文字上是不够的，我们必须结合语境对它进行翻译，也就是我们必须对产品、产品周期、产品营销等多纬度的产品处境有所了解，才能真正准确地传达出产品的话语。这时候我们不再是机械的翻译软件，而成为一个真正的通过视觉去传达产品话语的人。我们是鲜活的、人性的用图像语言去传达产品信息的视觉传达设计师。

## 2.他是谁?

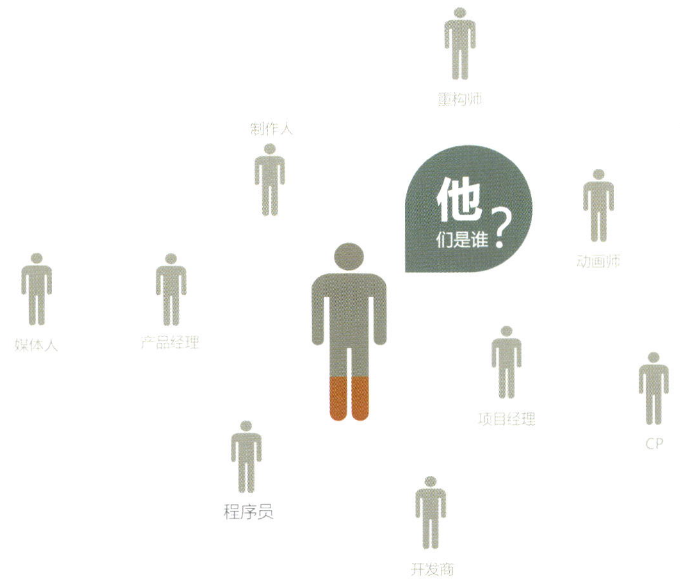


在不同的产品、不同的规模、不同的运营模式下，他们在组织架构上有一定的差异。就腾讯现阶段的游戏产品运营模块而言，与设计师接触最多的人有：产品经理、项目经理、重构师、动画师、程序员、CP、开发商、制作人等等，而他们的主要工作是什么？他们与设计师的关系又是怎么样的？将这些关系梳理清晰我们才能更好地合作并合理的利用资源。

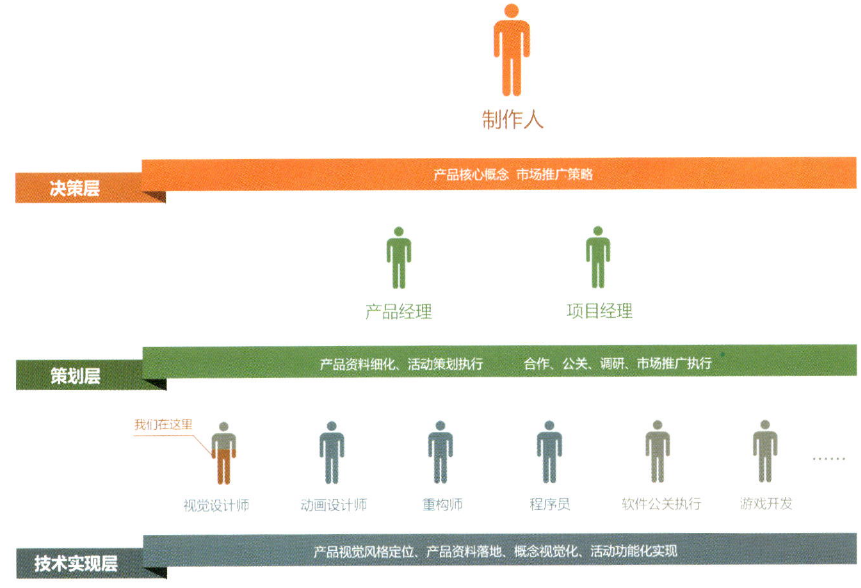

从产品营销的角度来划分的话，可以分为产品和市场两个方向，产品经理负责产品内容的更新和推广，市场项目经理则从市场角度树立产品的品牌形像，增强产品市场曝光率和产品的美誉度。举个例子，假设，我们的产品是一道红烧茄子，那么产品经理负责的是菜品本身的推广，比如，这个茄子的选材怎么怎么讲究，辅料怎么怎么地道，厨师的手艺如何如何专业。而项目经理则是从市场价值观出发给受众正面的品牌感受，比如吃了这红烧茄子，皮肤白了，牙齿好了，精神头足了，夫妻关系也合睦了等等。当然这是个玩笑，不过产品经理和品牌经理的着力点基本上就是这样分类的。而我们在制作不同类型的专题时，也需要有同样明确的目标，二者概念不能混淆。

说完了产品经理和品牌经理的工作，我们从服务和技术支持的角度出发，可以将其分为决策层、策划层、实现层。**决策层**包括产品的制作人和市场总经理，他们决定了产品的研发方向和市场定位。产品经理和项目经理则是将这种方向和定位落实成具体的产品表现和营销事件策划，这是策划层。最后由设计师、动画师、重构师、程序员等组成的技术层队伍将其转换成用户接触和感知的产品和活动，即实现层。在这里，设计师用理性的思考和艺术的大脑，在产品的不同阶段从不同的方向用不同的方式为用户传达有趣的、可吸收、可消化的产品信息。

## 3.我要做什么?

从上述的组织架构可以发现我们是协助和帮助产品经理与项目经理将产品信息和市场营销活动进一步视觉落实和技术实现的。那关于产品和市场的具体工作有哪些，而哪些部分需要我们进行视觉化的表现与传达呢？

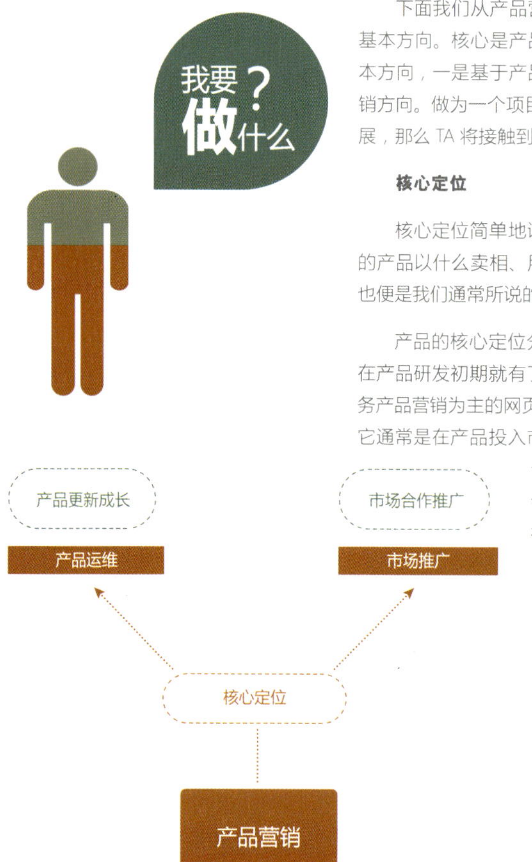


下面我们从产品营销的角度出发，将工作简要归纳成一个核心、两个基本方向。核心是产品的核心定位，它包括产品定位和市场定位。两个基本方向，一是基于产品本身的产品运维方向，二是基于市场推广的市场营销方向。做为一个项目的专属设计师，若 TA 能够由始至终的跟随产品的发展，那么 TA 将接触到哪些具体的工作呢？

**核心定位**

核心定位简单地说，也就是定义产品在大家眼中的样子。它决定着你的产品以什么卖相、用什么方式、让什么样的人、付出多少价格购买它。也便是我们通常所说的产品的特色卖点、面向对象、消费模式等。

产品的核心定位分为两部分：产品定位和市场定位。产品自身的定位在产品研发初期就有了，它与产品设计师有着比较密切的联系，但与以服务产品营销为主的网页设计的关系并不密切。另一部分是产品的市场定位，它通常是在产品投入市场运作时进行定义的。这时制作人、市场经理人、设计总监、产品经理、项目经理、视觉设计师可能都会不定时的参与讨论和研究。从产品包装出发，作为视觉设计，我们的主要工作有哪些？

- 产品风格设定：它包括主色调、网页UI风格、专属字体的定义和设计。
- 竞品的市场差异化设定：区别于其他相近产品的视觉风格设定。
- 产品LOGO设计：代表着产品的主要图形标识。
- 产品概念站设计：通过图片、文字、视频动画等多样化的综合形式传达产品概念。

**产品运维**

产品运维是围绕产品进行的运营和维护（当然这里所指的运维是在产品研发完成之后）。它主要包括产品升级更新的发布、产品配套资源的建设、营销活动策划、信息落地及各平台的建设。那么，参与其中的设计师需要进行哪些工作呢？

- 官网制作：产品形象展示和信息落地的官方网站。
- 活动专题：它的功能较多样，包括推资源、拉收入、拉用户、调查测试、游戏平衡等。
- 资源包：壁纸、截图、漫画等与游戏直接相关的资源。
- 广告和平面海报设计：线上和线下的平面广告设计。
- 各平台媒体推广视觉规范设定：它为产品的平台合作和延续性设计制定了规范。使产品保持整体的统一性。

**市场推广**

市场推广包括：它是以资源互换为主的各类产品合作、平台合作、泛娱乐合作等，它通过与同类别产品或理念相近的产品合作，产生强强联手的品牌效应，从而使产品被更广泛的用户认知并赢得良好的口碑，达到品牌建设的目的。以游戏产品举例，产品合作包括同类产品和非同类产品，即可以是游戏类的也可以是食品、服装、软硬件等其他品类的，只需要有某些相通的产品理念关联，便可以产生合作的可能。平台合作包括网络媒体和线下实体平台，它既可以是基于网络的论坛、微博、游戏频道、网络商城等平台，也可以是线下生活中的各类展会、网吧、校园活动等。对市场的工作有了一定了解后，我们来看看设计师在市场方向的主要工作。

- 媒体平台网站建设：合作平台的网站通常会依照产品的视觉规范进行设计，有时候是由对方平台的设计师完成设计。所以拟定并遵守视觉规范才能保证产品在各个平台的视觉统一性。
- 合作活动专题：由于涉及到两种品类的产品的合作，专题的视觉表现也相对综合，一方面需要保持自己产品的特点，另一方面也要顾及到合作产品的特色。如何将两者合二为一是设计的难点也是设计的创意点。
- 展会场馆的主KV设计：这个主要针对一些实体线下平台的合作，它包括海报的设计、发布会场馆和会场的主KV设计。
- 周边设计：周边是产品的延伸资源，它可以是产品合作的产物，也可以是产品资源的延伸。不同类型的周边也可能由相关行业的供应商或CP进行设计，但做为产品包装的主设计师也会参与到周边设计中来。

我是一个 ❶ 协助产品和项目策划 ❷ 通过视觉表现 ❸ 将产品信息传递给用户的 ❹ 传话人。

我是谁？他们是谁？需要我做些什么？了解了这三个内容我们基本上对自身的处境有了一定的了解。笼统地说，“我”是一个协助产品和项目策划通过视觉表现将产品信息传递给目标用户的传话人。也许有人觉得视觉传话人的定义是否降低了一个设计师的地位和影响力，但在团队合作的关系中，每个人都把握和衔接着工作传递中不可或缺的一环，能够放下身段并真正帮助团队，有效服务于产品的设计师才能最终拥有话语权和影响力。

# 二、产品相关

这看似一个与设计师无关的世界，它既没有色彩结构、也没有潮流风格，但它却关系着我们的作品是否有效。

当然做为一个设计师并不需要对产品和市场营销有十分专业的了解，但到设计师这个层面上，我们还是需要知道几点。例如，产品属于什么类别，我们需要为它定制怎么样一套包装使其更加呈现自己的个性？它几岁了，它经历了哪些周期，发展到什么阶段，在这个时候我们在视觉上可以为它做些什么？喜欢它的会是哪些人，而这些人又喜欢怎么样的视觉表现？我们手上所做的事情属于整体营销的整个环节，它的上一环节和下一环节各是什么，它们的目标和愿景是什么？我们如何做好承上启下的工作。了解了这些，我们的设计不再是简单的以视觉去评价。

## 1.产品特点及类别

产品的特点和类别关系着视觉包装的第一件外衣。有人无知穿错了衣裳，有人哗众取宠相形见拙，有人行事保守，在国际化、大众化的庇佑之下，虽无错误却展示不了个性，有人特立独行另辟蹊径或是一夜成名或是身败名裂……但不论何种方式，我们应该更加了解产品才能够为其打造出神形统一的视觉外衣。

## 2.用户画像

用户就是看我们所设计的视觉的人，他们的喜好决定了我们的视觉表现，而这种喜好通常源于他们的年龄、职业、学历、收入等。

下面是一组关于不同游戏类别用户的调查，它包括年龄、学历、职业、收入、游戏时长、沉迷程度等等。

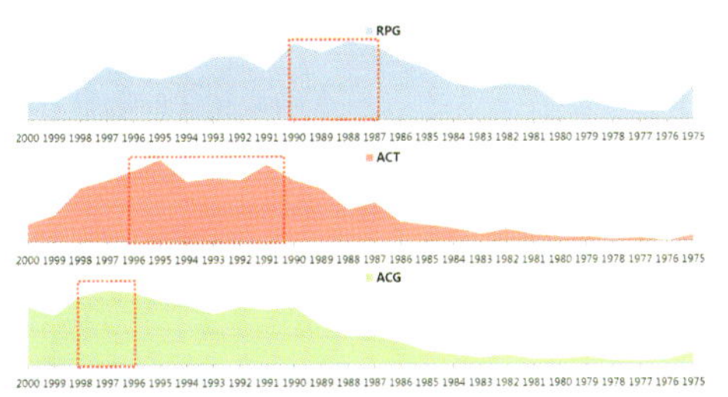


年龄

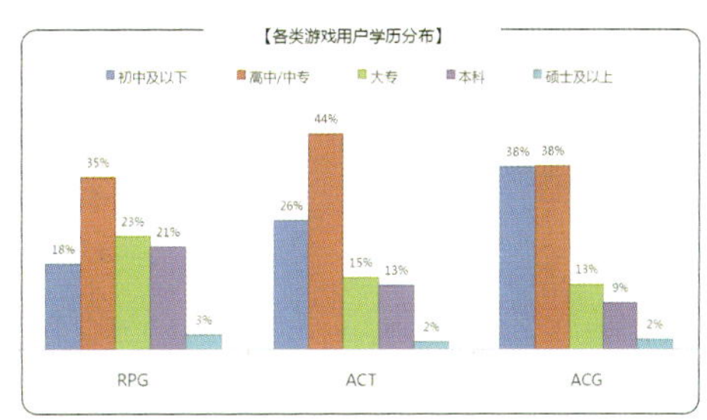


学历

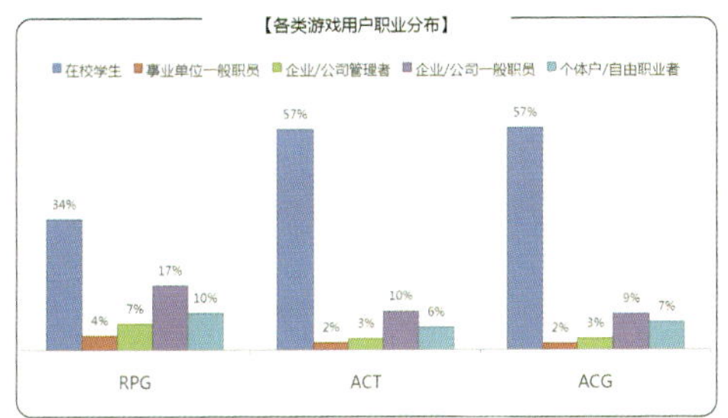


职业

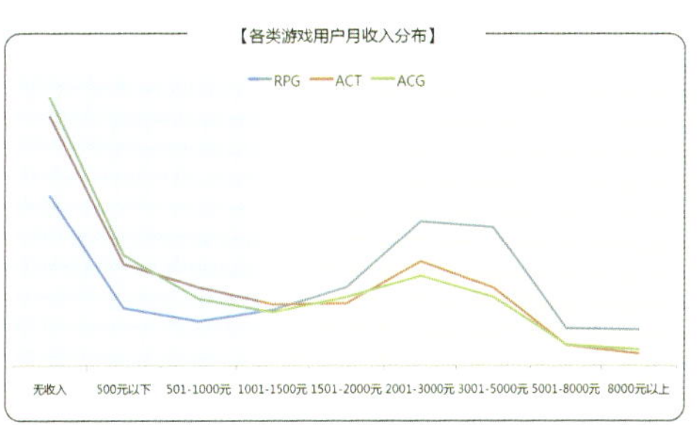

收入

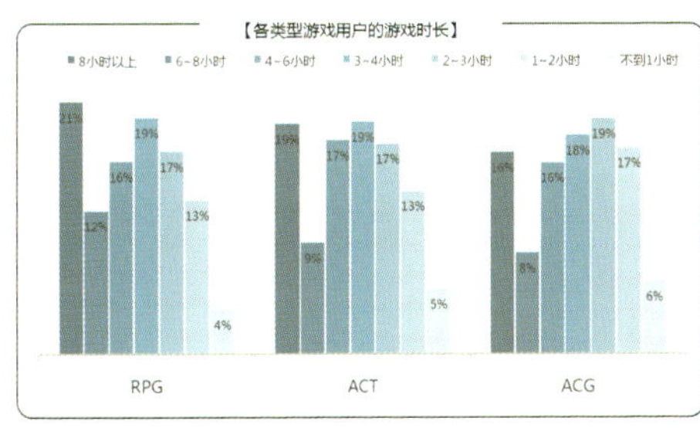


游戏时长

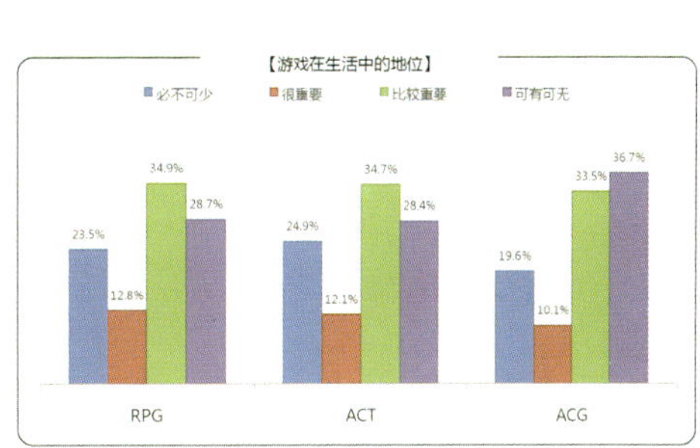


沉迷程度

这一系列的用户画像，除了对产品指导和帮助外，对设计师的作用又有多少呢？

首先是**视觉调性**，视觉调性和视觉风格不同，视觉风格大多由产品决定，拿游戏来说，Q版的还是写实的、魔幻的还是铁血的，最大的决定权在于产品，但视觉调性则是在风格的基础上进行进一步细分的，它需要严肃一点还是需要调侃一些、性感一点还是滑稽一些，不同年龄、不同职业和性格的用户对它们的要求是不同的。其次是**信息呈现**，不同接受能力的用户对每次所能接受的信息量、信息类型以及信息的层次是不同的，我们的信息呈现需要更平民化还是更国际化都由目标用户决定。第三是**行为驱动**，不同类型的用户的消费观念不同，从而导致了行为的差异化，这让我们必须在设计中为其设置不同的指引方式，让他们能够顺利接受信息并到达我们的所需的目的地。

## 3.产品周期

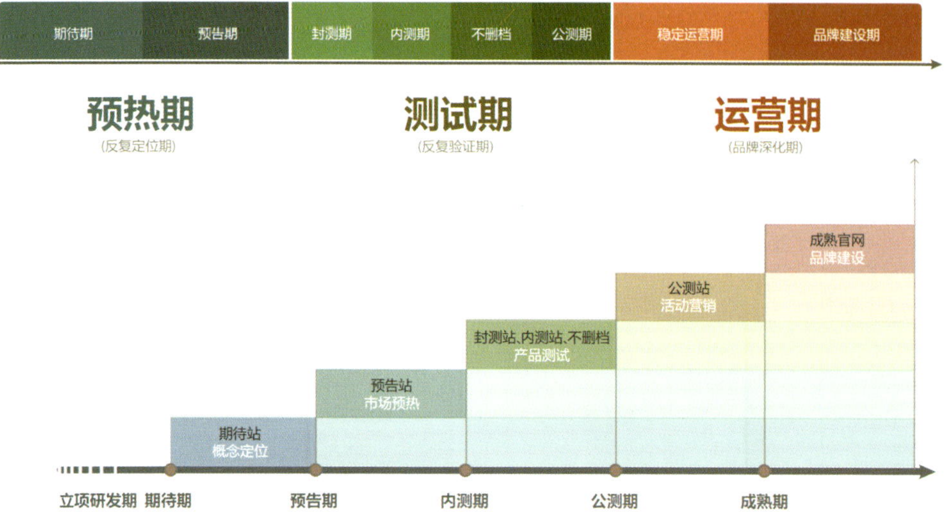


产品的周期，影响着产品的阶段性目标。正如处于不同年龄段的孩子，我们需要给予不一样的呵护。产品也如孩子一般在不断地成长和变化，在与市场接触的过程中，它们的营销目标也在不断变化，在页面设计过程中我们必须充分了解产品所处的运营节点，从而将设计更好的指向产品的最终需求，实现切实有效的商业化设计。

产品周期我们可以分为三个大阶段，八个细分阶段。三个大阶段分别是预热期、测试期和运营期，而每个时期又有进一步的细分，如：预热期分为期待期和预告期，测试期也会根据产品的不同分为封测、内测、不删档测（主要针对游戏产品）和公测，运营期则分为稳定运营和品牌建设期（当然产品还有一个较长的研发期，因为在研发期，产品暂时未投入市场运营，所以在这里并不把它归类其中）。

### （1）预热期

预热期就是预先调动市场热度，它通常是在产品即将研发完成时开始的，它通过透露一些产品信息提高产品在市场上的期待值和知名度。

期待期：

在产品概念相对明确的情况下，为了使产品提前进入市场预热、提高产品的认识度，市场推广部分会在这个阶段对产品进行一些概念的推广和宣传，并收集市场反馈，与此同时也会同步进行产品的研发。这时产品拥有较为明确的概念并同步进行产品开发。设计师也会获得一定的核心概念和设计草图。市场端主要负责产品的市场预热、概念推广。对于设计师来说，这个时期并无较多的产品资源和素材，市场推广围绕着产品概念以较为开放的形式展开并促成一定的市场预热和讨论。我们通常称之为“期待站”设计。

预告期：

这个时期的主要任务是向市场告知产品即将上市，这个时期产品开发基本完成，可在一定程度上使用或提供服务，但并不向市场开放产品。市场端可拥有一定的产品资料进行推广预热并实现概念的落地，向用户介绍相对具体的产品资讯。设计师可以结合资料（产品概念的展示介绍），将开放式的概念落地于产品具体的服务和操作中。我们通常称这个阶段的设计为“预告站”建设。

**（2）测试期**

测试期是产品第一次与用户和市场接触的过程，它通过各种试运营听取用户声音，并对产品进行修正改进，这里我们根据测试的内容和市场开放程度将其分为四个小阶段：封测期、内测期、不删档测试期、公测期。

封测期：

封测，也叫封闭性测试，这个阶段，由于产品的完整度有限，测试处于小心试水阶段，邀请和招募的测试人员通常是相对资深的专业用户和媒体，并通过测试人员给出专业的意见反馈，并对产品进行修改。封测期招募用户人数通常较少，而整个测试过程也是比较封闭的。

内测期：

内测是相对公测而言的，开放性比封测高一些，比公测小一些，内测会根据产品的需要分为几个阶段，测试数据良好的产品可能就经历一次内测，也有产品需要经历两三次内测才能进入不删档测和公测。

内测也是一个产品逐渐开放的测试，测试人数通常逐次递增。测试内容也由产品本身开放到市场运营以及未来公测后的营销模式。这时候我们主要拥有并需要推广的信息有产品资讯和测试反馈。市场部门也会展开以测试反馈为主要任务的市场推广。而这时官方主要承载的任务是提供测试激活码、客户端下载、产品信息落地、测试反馈并修改，并对潜在用户进行跟踪，进一步明确产品和市场方向。而这个时期的官网我们称其为测试站。

不删档：

不删档便是玩家可以保留其游戏记录，所以这一步测试通常存在于游戏产品，在不删档之前的所有测试玩家的游戏记录都是空的。不删档根据产品的成熟度分为限号不删档和不限号不删档。产品进入不删档阶段也便是开始了公测前的最后准备。在一定意义上说，不限号的不删档也就相于公测了，算是一次公测的预演，并收集和修改最后内容。

公测期：

在确定了产品与市场需求拥有良好的吻合度时，产品就进入了正式的公开测试期，根据市场的开放度、区域属性及用户需求的演化，产品也会进行相应的调整，所以公测从一定程度上来讲也是属于测试期，不过由于人数的不限定，所以我们称之为公开测试期。另外产品进入了公测也便进入了产品的第一个不稳定运营期，对于游戏产品来说，进入公测的产品，一方面推出新的版本来保持玩家的新鲜感和热度，另一方面，也会通过市场的测试反馈对产品和运营模式进行一定的调整，不断地自省和更新才能获得更长久的生存。

在产品公测后，设计师们会发现活动专题越来越多，那是产品在通过不同的事件配合运营结点在进行推广，它包括资源和推广、拉新用户、拉收入和游戏数据平衡等，而这时的官网主要承载了三个最重要的功能：下载、官方活动和产品更新信息的推送、产品视觉印象。除这三点之外的其他信息将逐渐的由许多专业的游戏平台进行分担。另外，品牌建设也在这个时候开始建立并逐步深化。

**（3）运营期**

运营期从大的范围来说，包括公测的不稳定运营期、产品在市场上相对成熟后的稳定运营期，以及产品在市场上拥有比较正面的口碑和忠实用户后的品牌建设期。从一定意义上说，稳定和不稳定是一个相对的概念，因为市场需求和人们的价值观都是在不断变化的，而产品也需要不断地自我更新才能应对这样的变化。所以稳定和不稳定运营也是一个交替的过程。网络产品可以在自身的版本上不断更新，而实体产品则推出一代、二代、三代等不同的产品，也是个自我更替的过程。如果自身不做调整要开个百年老店也是实属不易的。

许多产品在公开测试之后的不稳定运营期中没有调整和找到适合自己的运营思路，或者因产品本身的 BUG 和失误导致最终的消声匿迹，也有产品在测试期没有把握住主心骨，片面地以市场风向来定位自己的格调，经过多年的调整反复未能公测而最终流产。

对于产品定位和产品运营是一个专业的课题，做为一个设计师在这里只能描述情况，暂时也无法下最终的方法定论，只能从设计角度说，把握并坚定产品的主调性很重要，保持自身产品与竞品间的差异化，明确各项设计工作和专题的主要目的，有效地传达信息指引用户是视觉设计的关键。

## 4.网络整合营销流程图

用户是如何一步步地进入我们的产品的，他们是通过怎样的渠道知道我们、愿意开始了解我们，并最终成为我们的用户的？面对每个不同的营销阶段和目的，我们在设计上需要如何区别对待呢？

这里我们将用户从生活到产品的过程分为四个阶段，它们分别是：生活引导层、广告诱发层、网页落地层、产品层。在不同的层，用户都有不同的心理预期，所以要关注和运用这种心理预期，做好在各个层之间的顺利引导。

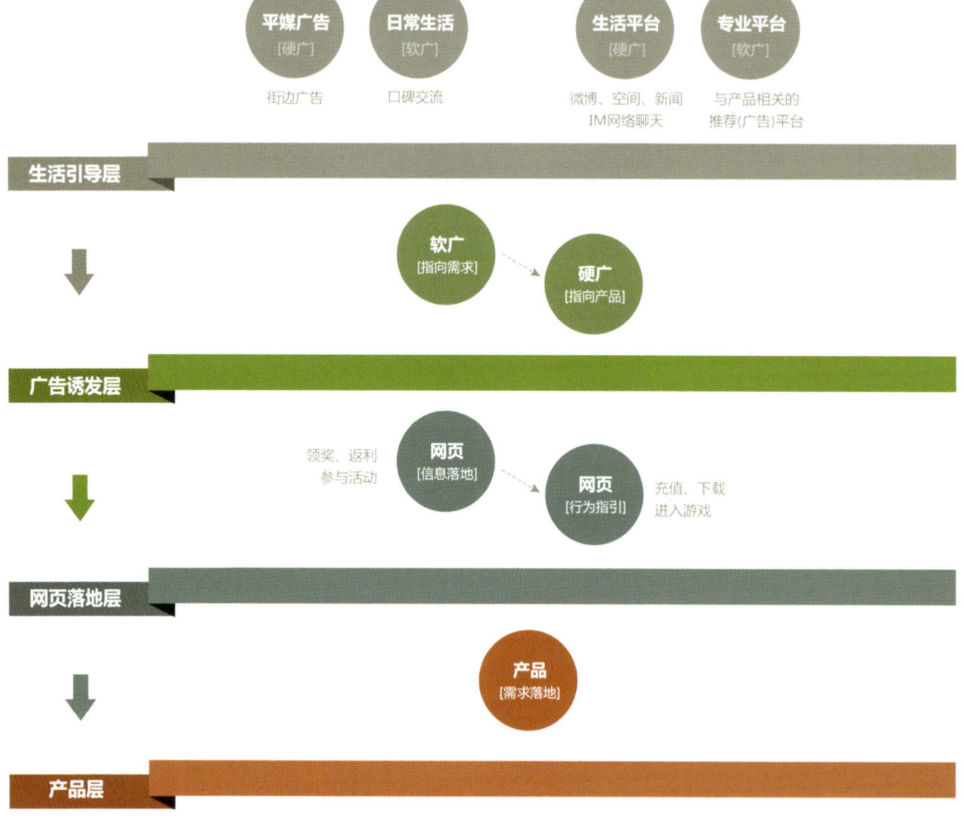


### 生活引导层

生活引导层上的设计，通常表现得更加生活化，它可能是某种人生信仰、消费价值观或是一种亲和的服务帮助，它的受众面广，它从生活的切入点引发大众对产品的兴趣和好奇。对于设计师来说，这个阶段的设计思路可以更开阔，它主要以引发大众兴趣为主要目的，产品的具体信息在这个环节上可以先稍微弱化。甚至有些在行业中用户基数较大的品牌，在生活引导层上的广告并不指向和提及自己的产品，而是更多引发用户对一类产品的需求和好感，通过大的基数比例提高自己产品的被关注度。

这类广告的投放地点通常是日常生活平台社区：对于线下的投放来说有公交站、地铁站、户外广告牌等；对于网络传播来说，微博、微信、空间、IM 网络聊天都属于这类平台。

**关注诱发层**

相较于生活引导层来说指向性更明确了一些，它是基于产品本身进行创意，通过广告引发用户对产品本身的关注。进入购买诱发层的用户大多经过初级的生活引导和筛选，他们可能对与同类系列产品或者对公司整合品牌有兴趣，这个阶段的目标是将这类用户进一步转化成产品的用户，引发他们了解和购买的愿望。

而这类广告的投放地点通常是相对专业的平台，对于游戏来说，游戏平台、软硬件平台、游戏专业论坛等都是此类广告的投放地点。当然线下的网吧或游戏展会也是相对有针对性的平台。所以设计师在制作广告时也会根据投放地点来了解营销阶段和营销目的，并进行针对性的设计。

**网页落地层**

到达网页落地层的用户，相对来说都是对产品有一定兴趣的用户，所以在这里没有必要绕太大的圈子或卖关子来讲产品，来点接地气儿的最好。由于具体的产品信息比较多，所以信息的呈现通常以网页或网站的形式出现，它基本上是围绕着产品进行详细地说明和介绍，它通过文字、图片、视频、动画的配合为用户呈现丰富的产品信息。

在这个部分设计师可能更多地着力于信息的梳理和在阅读和搜索资料过程中的交互体验。

**产品层**

对于市场方向的设计师来说，将用户带领到产品面前，就基本完成了任务，接下来对于产品就和市场无关了，有问题找产品经理或产品设计师。从一定意义上说，从生活引导层到关注诱发层再到信息落地层最终来到产品面前，基本上完成了网络营销的一个循环，但市场是在不断变化的，用户的需求和价值观也在变化，所以产品也需要不断更新，来保证用户的黏性、热度和忠诚度，所以新一轮的网络整合营销又将开始。对于老玩家来说，产品可以在自身的平台或专业平台上进行推广传播，对于新玩家来说，营销的大网还需要撒向更远的生活引导层进行新一轮的战斗。

从生活到产品、从概念到内容深化，目标用户从漫无目的社交中引发购买的需求，并将需求转化为对产品的兴趣，并通过各种活动和产品介绍了解并选择购买产品，成为我们的最终用户。在这个循环往复的过程中，设计师需要把握每一次营销的目的，做好正确地指引。撒大网时就需要让品牌视觉和概念生活化、社会化，当用户接近产品时我们便需要逐个击破，体现出产品的专业性就显得十分重要。所以，我们要让视觉设计拥有全局观，并与产品营销保持一致的步调合力前进，做最有效的设计。

做为一个商业设计师，了解自己、了解团队合作、了解产品和产品周期以及产品营销可以帮助我们更加理地控制艺术并解放大脑，为设计做好正确的拿捏，对产品、对合作的多维度视角正是做为一个合格的商业设计师所要具备的职业世界观。

## 网站建设新元年的设计趋势

逆推网页设计这十几年，网络整合营销不断细化，面临着新的市场洗礼，哪些网站表现方式将被淹没在这滚滚洪流中，而哪些又将收到船票被带上诺亚方舟呢？让我们回头逆推网站的出生和演变，站在即将结束的这个节点，挑选属于新元年的视觉设计！

# 一、网站设计的一次细分设计

为了能够更好地预测网页未来的变化趋势，我们先来梳理一下网站设计的发展演化史。

【网站设计的四极分化图】

## 1.初期

网页设计发展初期，由于技术的限制，作为一种新型的传播载体，人们只能简单地放置产品资讯，通过网址来访问资讯内容。

## 2.中期

1999年第一则网络广告在网易上投放，从此网页的访问分流向了广告，而真正的网络营销也便从这里开始。

## 3.后期

**产品信息传播的分工**

随着技术的发展，Flash、视频等技术的不断成熟，产品的在线传播可以通过多种形式进行，于是产品资讯也便分化为两类：

- 一类是以视听为主的品牌建设，主要传达产品的理念、视觉映像。
- 另一类是以资料为主的，主要传达产品的具体信息，通常以大量的文字或图文结合的形式表现。

**广告传播的分工**

在广告传播上技术的革新同样也给广告传播带来了更多的表现形式。其中Web 2.0的到来为广告传播形式做出了重要的贡献。由此产生的各类社区平台为用户和产品的进一步交流产生了帮助，资讯也因此进入了高速传播的阶段。平台交流和指向产品的软、硬广告进行了配合互动。

# 二、网络整合营销流程

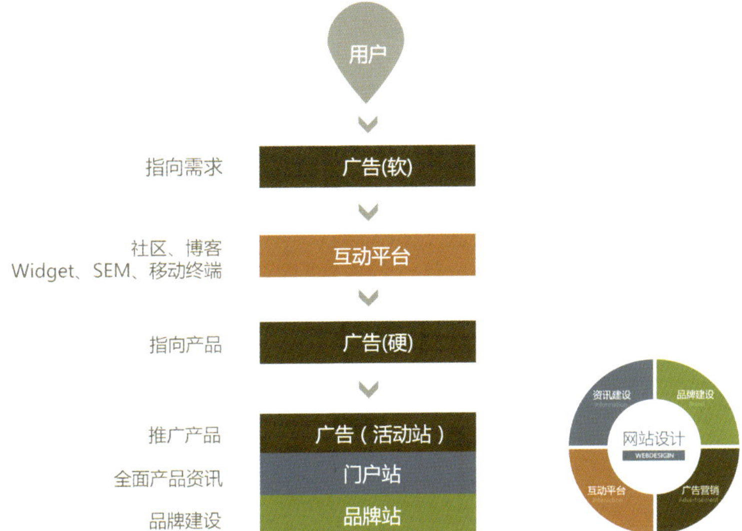


展示这个图表是为了更好地说明这几类网站在整合营销中的位置和作用。

该图表做了色彩归纳，大家可以将其对应于右侧图表。

我们从用户端出发，来了解一下现在网络整合营销是如何从用户到产品的。

早年许多产品是直接通过硬广告的方式将用户强行拉入产品，这对整个品牌建设的伤害度是很大的，现在的推广更趋向于软性的交流互动，在潜移默化中达成关系。

## 1.平台互动

平台交流也是做为软广告的重要承载体，它通过社区交流或微博互动传播形式对产品或需求进行培育，并将需求顺利指向产品或品牌。

## 2.指向产品

活动站作为指向产品的硬广告的资料落地部分，延续了其广告的视觉化特性也包含了更丰富和具体的信息介绍。它会通过"利诱"和"色诱"吸引用户，并指引其进行特定的行为活动，使其与产品产生关系和黏性。

## 3.产品资讯拓展

如果活动推广顺利，用户就会进一步对详细的产品或更多的产品信息进一步了解和阅读，或通过门户站链接并参与更多的活动。

## 4.感受品牌

通过不断地互相了解从而建立品牌的忠诚度，而在品牌站也会通过丰富的视觉和概念引导树立品牌的个性以及和其他产品的区别度，使用户认识并记忆深刻。

# 三、四类站点概述

我们可以看到由四项专职任务引出的四类网站类型，它们是网络整合营销不可或缺的重要组成部分。

## 1.互动站（Interactionsite）

互动平台站更像是一个网络市集，不论是用户端还是产品端都可以在这里传播资讯，并进行频繁的互动，随着技术发展，互动形式也日趋多样化，从博客到社区平台、再到微博、手机终端，互动基本已经占领了日常所有碎片时间，成为了生活的一部分。

## 2.门户站（Campaignsite）

门户站负责产品资讯的建设，主要承担着从各平台引入的需求的资料落地。它包括了涉及产品的各类资讯、产品介绍、版本更新、最新公告、最新活动等。它拥有对搜索引擎的友好表现和完好的内容支持、注重网站的易用性和强大的在线沟通功能以及全面的网站监测与分析及市场推广策划，算是网站的主力军。

## 3.活动站(Minisite)

活动站作为精准营销的重要形式，为产品的针对性推广做出了巨大贡献，早年其受到带宽的影响，表现形式较为单一，现在真正揭开了其广告的本来面目，强烈的视觉表现成为了它最重要的特征。它就像战争中的突击队，精准、迅猛、有力！

## 4.品牌站（Brandsite）

如果说门户站是主力军，那么品牌站就是外交官，它主要通过视觉包装传达产品概念，随着技术的发展，Flash、视频、多媒体因其生动的展示形式成为了品牌站的主要表现手段。

# 四、四类网站详解

## 1.互动站细分设计

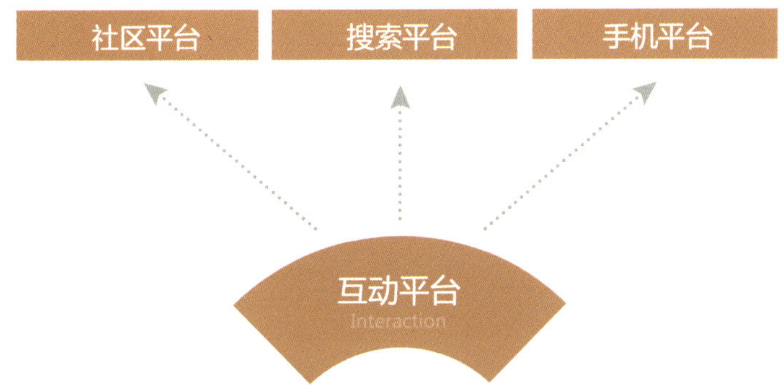


内容为王，交互设计从形式向功能转变，注重信息的传递、互动，设计变得不再重要。

互动站的不断成熟也标志着网络整合营销建设的不断深入和细化。社区平台的信息传播形式、搜索平台更为精准的语义学研究、手机平台的多样化互动都是未来网络整合营销建设的重心所在。

（1）社区平台

减少获取信息的时间；通过生活化的交流方式获取产品广告信息，过滤垃圾信息和推送即时有效的信息；侵占用户使用时间，增加产品粘度。

- 持续联系

平台间的传播无处不在：强化了人与人之间持续联系，为信息传播拓展出了更阔的空间。

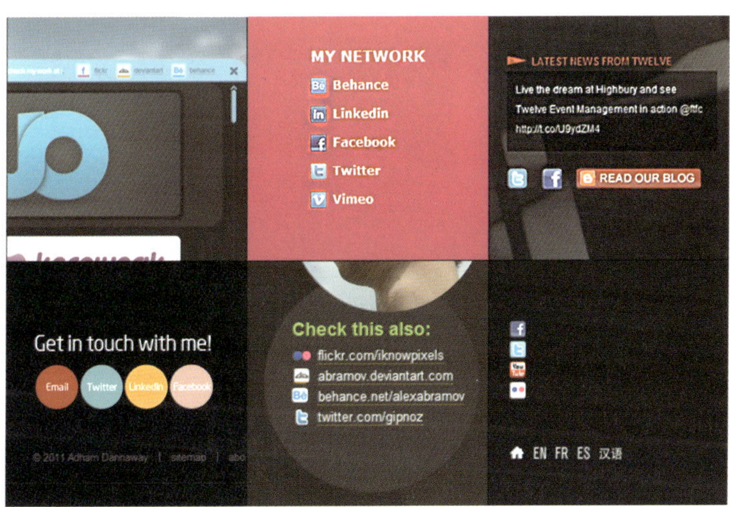

- 信息推送

信息推送渠道精准化：这是一个系统整合信息、呈现有效信息的过程，可以是通知、私信、评论、电话、短信、微博信息、SNS 中好友动态和阅读器中推荐阅读的内容等。

（2）搜索平台

搜索平台可以加深对资讯的广告和深度的支持和判断。（由于搜索平台研究的专业性，本书不对其进行深入描述）

（3）手机平台

手机平台使用户间的社交行为更加便捷和频繁，人们对信息互动和分享更加热衷，从而也推动了产品营销在手机端的普及和发展，手机电子支付及二维码的应用实现了虚拟和现实的更有效接轨。另外基于智能手机 GPS、触屏、3D 陀螺仪的特点，也将涌现出更多优秀的产品运用

我们推荐一段视频来综合概括营销在手机平台的社交和商业的便捷应用。

http://v.youku.com/v_show/id_XMjg0NTE4ODEy.html

## 2.门户站细分设计

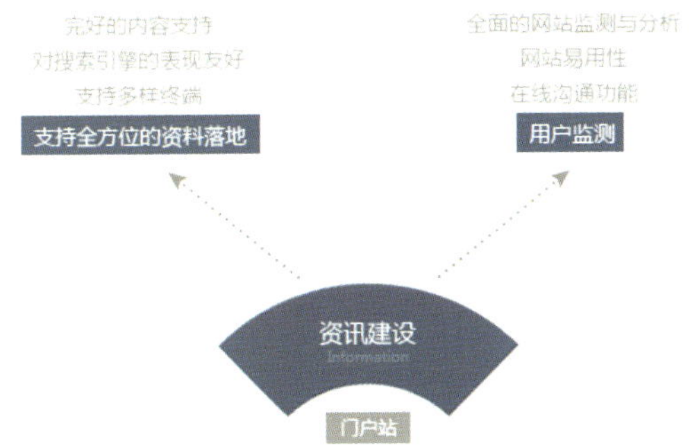


门户站的未来使命是实现更多元化的资料落地支持和更精准的用户监测。

随着网站承载功能的细分，门户站的功能更倾向于资料落地，门户站主要接引着来自各类社区、引擎和终端的用户，在进一步优化内容支持和满足搜索引擎的基础上如何去进一步支持多样化的终端成为了未来的首要任务和创新点。

（1）支持全方位的资料落地

- 对内容支持

对内容的支持主要表现在"内容信息的优化"和"内容管理的优化"。

内容信息的优化主要包括：内容素材、容量、编排以及更新的频率与呈现方式。

内容管理的优化主要通过内容与用户、管理 、功能的完美结合使信息以良好的呈现方式输出给用户。在这方面语义学的发展将带给信息更加精准的输出。

良好的信息管理将保证用户在接收信息过程中的连贯性，使信息持续不断地在潜移默化中被浏览和吸收。

- 对搜索的支持

很多网站都已经了解到了搜索引擎优化对于网站的重要性，除了从 SEO 的角度去设计之外（SEO 属于另一通道的专业领域，这边就不再敞开深入描述），现阶段的动画视觉表现也纷纷对搜索引擎表示友好。从前由于 Flash 所有的文字信息对封装进了动画，使得搜索引擎无能为力，而现在出现了 JS（HTML 5）动画和具有独立信息 IP 的 Flash 技术，使得在满足资讯搜索的同时也兼备了较好的动画视觉体验。

**使用 JS 动画**

http://www.nintendo.com.au/gamesites/mariokartwii/

**支持搜索引擎的 Flash 全站**

洛克王国 http://roco.qq.com

- 对终端的支持

多平台、多设备浏览的统一性，带来交互设计一个全新挑战，对多种终端的有效支持成为了资料完好落地的保证。

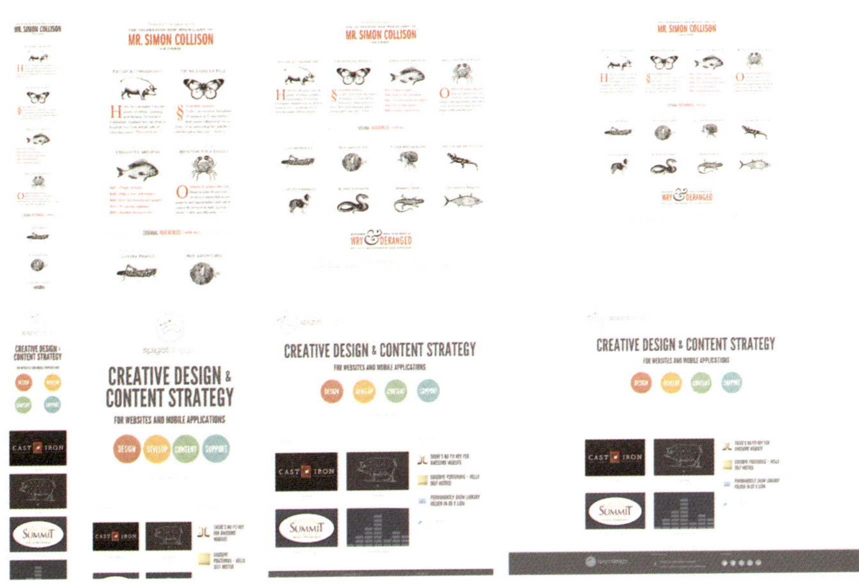


动态流体布局

流动布局的设计主要解决了一些不同终端和显示器的浏览问题。它巧妙地重排元素，并填补了网页的所有空间，而且在每个浏览器和不同分辨率的显示器上都表现出色，也同样适用于移动终端的横向或竖向阅读，同时它通常配以流畅的动画效果，其中有些甚至针对不同类别有不同的效果。

基于栅格的多列布局

屏幕分辨率的增加，基于栅格布局基础上，可以使用多列在同一空间呈现更多内容。更多的网站在朝着多列布局、流动布局以及前面讲到响应式设计。网页栅格系统是从平面栅格系统中发展而来，使用栅格系统让网页的信息呈现更加美观易读，更具可用性。网页设计上将更加的灵活与规范。

（2）全面的用户监测

- 全面的网站监测

- 网站易用性优化

网站的易用性主要表现在速度体验、操作体验、结果体验、信任体验四个方面。如何在资讯策划和交互设计上进行进一步优化相当重要。

速度体验：也便是网站的打开速度，它包括服务器优化、代码效率、图片和 Flash 优化。防止焦躁心理，不让用户在等待过程中流失。

操作体验：是用户在使用网站过程中的功能性感受，它包含了 6 个关键点——页面导航、页面容量、页面结构、页面链接、路径设计、帮助中心。优秀的操作体验会让用户清晰地了解自己在网站上能做什么，其次是用户知道如何操作，并感觉到继续看下去的意义。

结果体验：就是用户通过操作行为获得结果的一种体验过程，友好达到用户预期的结果体验是我们的目标。

信任体验：对于网站来说，信任感决定了用户对网站信息的认可度，它由产品品牌和长期建立的良好的信任体验构成。就网站信息而言信任体验依附于过去产品的市场影响力、权威性的支撑，而对于信任体验的建设来说也依赖我们正在进行的、不断的信任体验的支持。

（3）在线沟通功能优化

在线沟通主要包括：在线客服系统、潜在客户跟踪系统。

利用更新的技术实现更即时和精准的沟通，并且在对后期的沟通予以跟进，使潜在用户成为真正的客户。（这个部分可以结合整体的用户监测进行，未来可能有更专业的文章进行介绍）

## 3.活动站细分设计

一句话概述：

活动页面恢复了广告的本来面目。

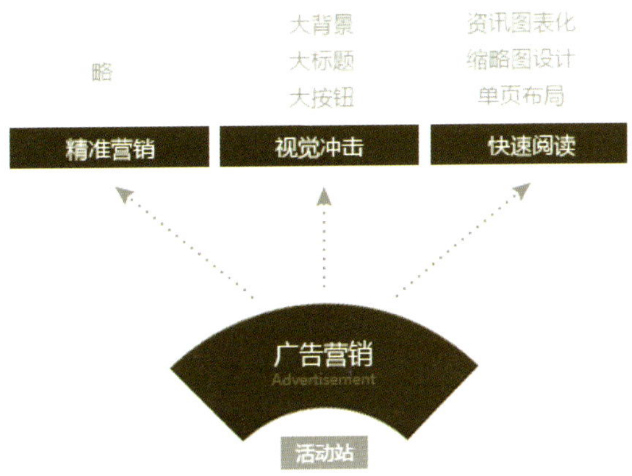


活动站作为广告营销的组成部分伴随着带宽的增强恢复了其广告的本来面目。早年活动页面受到了网站优化的限制，视觉表现在更加注重延展性问题，近来，随着技术支撑的优化和带宽增加，活动站的设计呈现了大背景、强版式化的设计趋势。

活动站的原则：强有力的视觉冲击 + 方便舒适地快速浏览。

（1）精准营销

活动站的建立是根据产品的不同运营节点或功能全部开放或针对不同人群进行的营销活动，它具有较强的个性和精准性（这块涉及到专业的产品策划，就不全方位展开）。

（2）视觉冲击

“三大”特点成为了活动页面广告化的突出表现。大背景的表现还结合了更多实际化的技巧方式，这边不再拓展技巧方式，感兴趣的朋友可以关注本书之前的相关内容。

▪ 大背景

精致的图片胜过千言万语，宽带的发展使其更具可行性。给人印象深刻的图片能为用户创造一个身临其境的体验。

▪ 大标题

杂志、报纸的设计师一直使用大标题，以吸引用户的注意和购买，大字体已证明更有吸引力和明晰的沟通结果。

- 大按钮

从网站的可用性上讲，大按钮更有利于网站辨识清晰、快捷访问。

（3）快速阅读

资讯图表化主要解决了信息快速预览和阅读的需要。快速直观的阅读成为了现代资讯展示的基本要求，正如视频、搞笑、图片类的资讯更为人们所接受和传播一样。很少人愿意静心去啃长篇大论，所以资讯图表化成为了许多信息归纳总结的表现形式。另外对于那些复杂的关系和比例，纯文本是很难表达的，资讯图表化，以其简单而丰富的视觉外观成为了一种很好的沟通方式。

- 资讯图表化

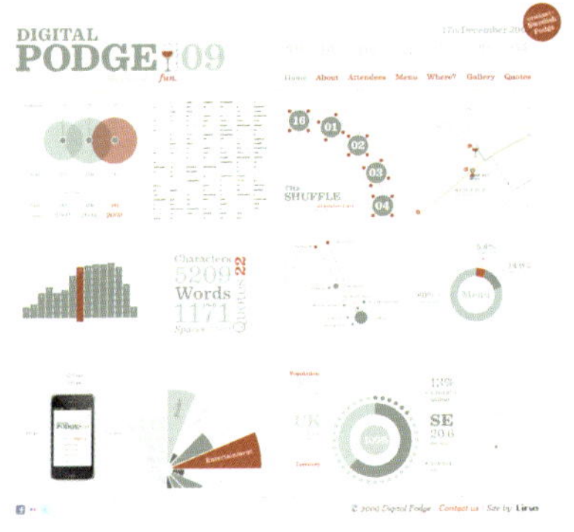


具体方法可以关注本书之前《你看起来很好吃》等内容。

Digital Podge http://www.digitalpodge.co.uk/2009/

- 缩略图设计

z-index Portfolio http://z-index.it/

这是一种结合设计形式感的缩略图展示方式，它将进一步的文字说明内容隐藏在图片中，当图片被选择后，鼠标经过才会触发详细资料的显示，使画面更加简洁并具有形式美感。

过去我们只能通过点击链接才能看到网页的内容，现在你只需点击放大镜然后将鼠标悬停在链接上就可以预览该链接的网页内容。这个趋势从2011年开始，互联网用户变得更加精明，他们更希望看到更多人性化的导航设计。

- 单页布局

单页布局具有较好的视觉集中化的连贯性，可以强化主题逻辑性和主体表达。

http://campaign.naver.com/newnaverapp_event

这个页面的交互很有意思，它通过内容滚屏形式对应到手机上的相应功能，达到直观可视的效果。单页布局形式十分适用于这种中心单一明确的主题。

## 4.品牌站细分设计

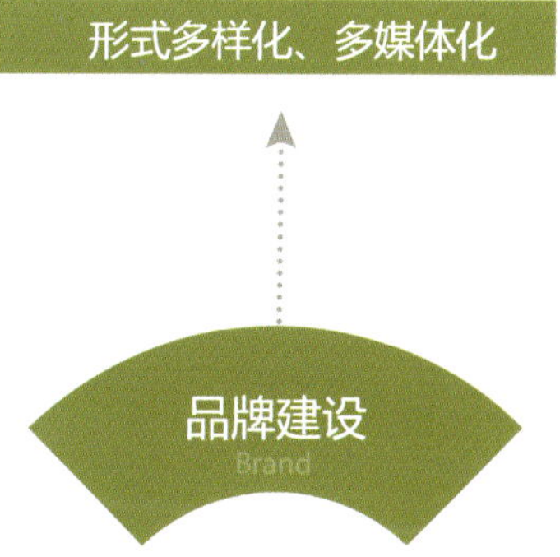


随着技术发展，多媒体的互动形式被网站设计所支持，品牌站从资讯式的企业网站中分离出来，形成了独立的营销路线，如何将产品从视觉和概念上深入人心成为了品牌站的首要责任。

（1）多媒体化视觉表现

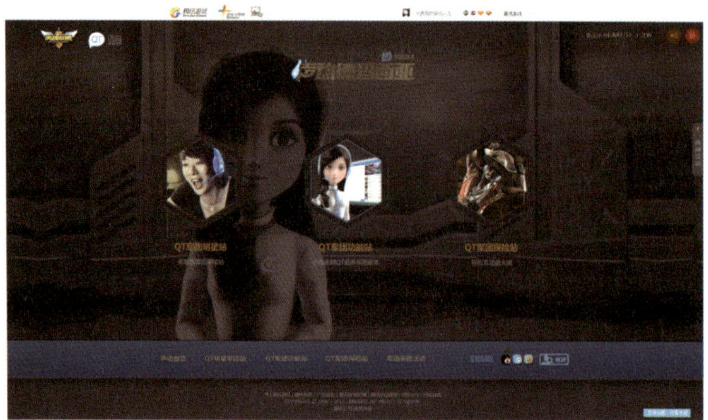

在网速、硬件和技术不断革新的时代，更丰富的视觉体验会进一步帮助网站品牌视觉的建设，而电子产品的泛娱乐化也逐渐受到推崇，或许一个更生活和综合的插管时代即将来临。

（2）多样化互动形式

结合手机、摄像头、音频等技术形成更多样化的互动形式体验将被人们更加热衷。

# 五、小结

网站设计的演化受到了技术的限制和支持。视觉设计需要从切实的功能和应用上考虑未来的变化和发展，如何实现更加精准良好的网络整合营销体验是我们未来的方向。做为营销整合战场中的一部分，关注整体的营销环境是必须的。也希望由此立足点出发能够使未来的视觉设计更加行之有效，并一起配合推动产品更进一步的市场运营和推广。

## 设计中的“好有爱”

“有爱”是英雄主义的审美突围，是体贴入微的人文关怀。

伴随着物质生活逐渐被满足，人们在精神上对爱的渴求不断增加，上有向权威接近的渴望，下有对生活细节的温情，而这些渴求渐渐延伸出几种对爱的表达和宣泄，情窦初开的小 LOLI，与上司的一场地下恋情，还有来自母亲最无私体贴的关怀，无不让我们感到放松和温情。今天我们就来说说关于爱，关于“好有爱”。

## 一、“2”英雄主义审美的“有爱”突围

第一点由希望向权威亲近而演变来的有爱，既然不能向上司靠拢，那就让上司向我们靠拢吧。

首先来定义一下这里的“有爱”，在有“13”的基础上装“2”乃“有爱”也。

何为“13”？何为“2”？我们从《杜拉拉升职记》中的“王伟”说起，一个世界百强企业的金牌销售总监，平日中工作作风强势果断，是许多女性仰慕的对象，在一次偶然的邂逅中被“杜拉拉”发现他有害怕乘电梯的小怪癖。在印尼的一次“逃离”事件中，发现平日一身肃装严谨打扮的 leader，在脱去外衣后穿的竟是一条星星蝴蝶的可爱梦幻蓝内裤。原来铁面冷脸的背后，竟也有这些小怪癖。其中的“王伟”在公司以及女性中的地位为“13”，“害怕坐电梯”和“小蓝花内裤”则为“2”，而这两点的反差集中在一个人身上则形成了“有爱”。“有爱”也成为了有着身份悬殊爱情的垫脚石。

从营销角度看，这种有爱减少的是抗拒感和落差感，成为产品宣传中的一种轻松调剂。一些希望被大众接受的高科技、大品牌、新型的产品也采用这种反其道而行的方式来拉近距离。比如 LV 的日系可爱包，美宝莲用了曾亦可代言 BB，这算是品牌担心权威所带来的产品老龄化或装“13”的产品印象，从而在适当时候装“2”以获取审美的突围，给人以亲民感的营销手段。

下面咱们来看看网页中的“有爱”表现。

左下图为所谓的"13"，右下图为所谓"2"，特种部队在常人眼中是无畏、英勇、冷静的，而右下图则呈现了他们在严寒中冻得直流鼻涕打颤的形象，让我想起了早年成龙为有别于李小龙在人们眼中功大英雄的形象而独创了成龙式的电影功夫角色，这种亲民的"2"英雄形象也得到了娱乐界，电影界和大众的高度认可，而"2 英雄"也算是对正统英雄主义的一种"审美突围"。

基于英雄主义表现方式　　"2"英雄的"有爱"表现

任何脱离了主题的表现都是空洞的，下面我们结合情境来看看我们的"有爱"英雄。

## 1."有爱"的基本形态

咱们来看看"C9"的一周岁生日专题页面，头戴彩色礼帽，围绕生日蛋糕的英雄们，还有在幕后探出脑袋的怪兽，"可爱无公害"的样子为"有爱"的常态，场景的变化，配饰转换、表情和意外情境的相互配合都可以构建出有爱的形态。

## 2. “有爱”英雄的非专业情景

这是一个“社会公益慈善家”的专题活动页面，设计师抛弃了传统冷面酷脸，换用Q版特种兵，鬓角的汗珠，还有和“便便”一样的水泥，都让人感到英雄在非专业情境下的认真可爱，让英雄平民化一同为慈善添砖加瓦，也使英雄的形象更亲民，让非战场的活动氛围显得轻松有趣。2化的方式适合在“非专业”情景下做为点缀（如节日、送礼、慈善等不属于英雄专业范畴的活动），如果在“专业”上也用2化表现，那也便真2了。

## 3. “有爱”的平民化消费

这是一个“向玩家狂发游戏筹码”的活动，所有人都可以参与并获得奖品，2化表达与平民化消费一拍即合。

## 二、体贴化的“有爱”表现

亲切生活化的有爱表现，区别于将权威2化的有爱，它源于人们心底对母爱的渴求，被保护关心、被体贴的渴望。左下图为一般的商业化网页，以表达其专业为主，在给予产品高度的同时也产生了距离感。右下图为生活化的“有爱”表达，用了“亲笔手绘”，“员工现场操作”等生活化的表现形式，犹如就在你身旁为你量身定制一款专属你的产品一般，大面积的“斜面版式”颠覆了传统网页横平竖直的方式，画面显得轻松活跃，虽牺牲庄严感可能带来的专业感，但却能为产品的人性化表现增添许多亮色。

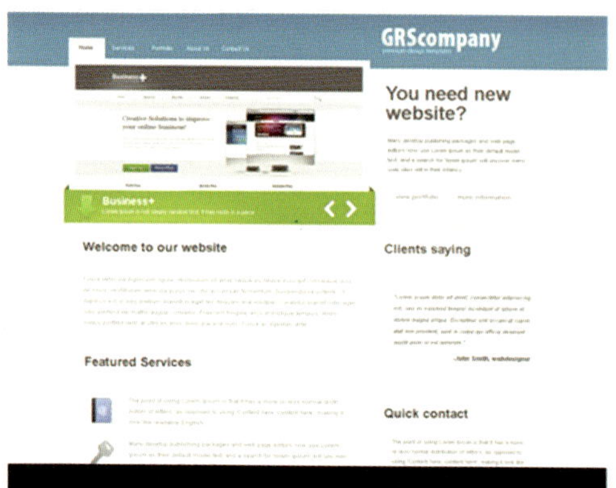

### 1.有爱在有爱活动中的合理表达

这是一个飞行游戏与饮料厂商合作的广告专题页，“喝饮料，拿道具”。斜贴的大标语、邮戳、手写字，让人感受有吃有玩有奖的欢乐轻松气氛。

## 2.有爱在无爱产品中的品牌暖化

这是一个"创可贴"的广告，不识韩文的朋友可能误以为是家族聚会或咖啡广告，画面中的咖啡、超人，还有Q版的明星伙伴，给予了冰冷药品以轻松、安全、欢乐的气氛，远离疼痛的冷酷，感受到了欢乐和健康的"有爱"氛围。

**P.S.** 关于"有爱"的学习

啰嗦了这些关于爱的表现之后，我唠叨些关于技巧的学习，中国人在讨巧的经验学习和技法抄袭中错过了很多体验。拿审美的表现来说，任何一种视觉消费都可能产生相应的疲劳。从"春哥"到"凤姐"再到"小月月"，近年的审美突围，在扭曲的速食中快速兴起、又很快灭亡，千千万万人"一哄而上，又一哄而散"。在技巧和方式速食的路上让我们回头看看，我们在"爱"的路上又真正走了多远？